高等学校数据科学与大数据技术专业系列教材

安徽省质量工程"一流教材建设项目"

# 大数据导论

主　编　陶　皖

副主编　杨　丹　李臣龙

西安电子科技大学出版社

## 内 容 简 介

目前，大数据已上升为国家战略，从辅助变为引领，从热点变为支点。因此，在各类以应用型人才培养为主的高校中，需要面向文、管、理、工等不同学科的学生普及大数据理念及其相关技术，以利于其在专业领域的实践中应用大数据理念，实施大数据技术。

本书从大数据概念及特点入手，以大数据应用的技术框架为主线，首先介绍了大数据采集与准备、大数据存储与计算处理、大数据分析及大数据可视化中的基本概念与技术，然后介绍了典型的大数据应用，最后讨论了大数据安全与伦理问题。

本书结合概念、技术及应用介绍大数据的基础知识，适合作为计算机、软件工程、数据科学、大数据及信息管理等方向本科生的大数据导论课程的教材，也可作为文、管类本科生、研究生的大数据通识课程的教材，还可作为相关研究人员、爱好者的参考用书。

图书在版编目(CIP)数据

大数据导论 / 陶皖主编. —西安：西安电子科技大学出版社，2020.9(2021.5 重印)
ISBN 978–7–5606–5751–6

Ⅰ. ①大…　　Ⅱ. ①陶…　　Ⅲ. ①数据处理—高等学校—教材　　Ⅳ. ①TP274

中国版本图书馆 CIP 数据核字(2020)第 116364 号

策划编辑　高　樱
责任编辑　段沐含　雷鸿俊
出版发行　西安电子科技大学出版社(西安市太白南路 2 号)
电　　话　(029)88202421　88201467　　　　邮　　编　710071
网　　址　www.xduph.com　　　　　　　电子邮箱　xdupfxb001@163.com
经　　销　新华书店
印刷单位　陕西天意印务有限责任公司
版　　次　2020 年 9 月第 1 版　2021 年 5 月第 2 次印刷
开　　本　787 毫米×1092 毫米　1/16　印张 12.5
字　　数　292 千字
印　　数　1001～4000 册
定　　价　35.00 元
ISBN　978–7–5606–5751–6 / TP
XDUP 6053001–2
　　　＊＊＊ 如有印装问题可调换 ＊＊＊

# 前　言

人类已进入大数据时代。大数据的"大"，在于其数据种类繁多、数据量巨大、数据流动迅速。数据中所蕴含的价值越来越受到人们的重视，大数据将成为下一轮产业革命的新动力、新引擎。相关预测表明，未来 5 年大数据或者数据工作者的岗位需求将激增，其中大数据分析师的缺口为 140 万～190 万人。

本书的宗旨是将大数据的思维方式、基础知识及基本技术介绍给读者，帮助其了解大数据的安全与伦理思想，对大数据领域的知识及技术有初步了解，进而起到引导思维、树立理念、明确概念、接触技术的作用，为读者日后深入学习大数据技术奠定基础，也为开展大数据应用提供帮助。

全书共 7 章。

第 1 章旨在揭秘大数据，介绍大数据概念的由来、大数据的特点及大数据技术带来的变革，以及大数据的应用及其技术框架，特别突出了"数据科学"与大数据的关系及"数据科学与大数据技术"本科专业的整体情况。

第 2 章至第 5 章从构建大数据应用技术框架的过程出发，分别介绍大数据采集、大数据存储、大数据分析、大数据可视化等不同阶段中的基础知识和基本技术，使读者对实现一个大数据应用的完整过程有较为深入的认识。

第 6 章介绍互联网大数据、教育大数据、农业大数据、旅游大数据等不同领域的大数据应用及所涉及的技术，帮助读者开启大数据应用的思路。

第 7 章介绍大数据安全与伦理问题，帮助读者在接触和应用大数据技术时树立大数据安全与伦理观念。

本书图文并茂，尽量避免枯燥的概念陈述；每章后配有习题及相关的参考文献，帮助读者更好地掌握知识内容。

本书是安徽省质量工程"一流教材建设项目"(项目编号：2018yljc101)，由大数据专业一线教师组织编写，其中第 3 章由李臣龙编写，第 5 章由杨丹编写，其余章节由陶皖编写，全书由陶皖统稿，周鸣争教授参与指导。此外，全书的编写得到了西安电子科技大学出版社高樱老师及安徽工程大学计算机与信息学院等的大力帮助和支持，在此表示诚挚的谢意。本书在编写的过程中参考了很多优秀的教材、专著和网上资料，在此对上述所引用资料的作者表示衷心的感谢。

由于编者水平有限，书中难免存在不妥之处，敬请广大读者批评指正。

编　者
2020 年 4 月

# 目 录

# 第 1 章　绪　　论

　　人类是数据的创造者和使用者，自结绳记事起，数据就已慢慢产生。随着计算机和互联网的广泛应用，人类产生与创造的数据量呈爆炸式增长。现今，人类已进入大数据时代，拥有 14 亿人口的中国已成为全球数据总量最大、数据类型最丰富的国家之一。本章将介绍大数据的概念，通过了解现在的大数据技术框架，思考其可能的应用领域，并结合数据科学概念讨论"数据科学与大数据技术"专业的建设情况。

## 1.1　什么是大数据

### 1.1.1　"大数据"的由来

　　1980 年，美国著名未来学家阿尔文·托夫勒的《第三次浪潮》一书中出现了"大数据"(Big Data)一词，将大数据称为"第三次浪潮的华彩乐章"。尽管当时人们并没有意识到它是如何呈现华彩的，但是这被看作是第一次提及"大数据"的概念。2008 年 9 月 4 日出版的《自然》杂志(第 455 卷第 7209 期)，推出了名为"大数据"的封面专栏，如图 1-1 所示。2009 年开始，"大数据"成为互联网技术行业中的热门词汇。2010 年，全球知名的麦肯锡管理咨询公司提出了"大数据时代已经到来"，把大数据推到一个高潮阶段。麦肯锡在研究报告中指出，"数据已经渗透到每一个行业和业务职能领域，逐渐成为重要的生产因素，而人们对于海量数据的运用将预示着新一波生产率增长和消费者盈余浪潮的到来"。

图 1-1　"大数据"的由来

各国政府均积极推动大数据领域技术及应用的发展。2009 年，美国政府开放政府数据，这一行动被各国政府相继效仿。2010 年，德国联邦政府启动"数字德国 2015"战略，将物联网引入制造业，打造智能工厂。2012 年，美国政府在白宫网站发布《大数据研究和发展倡议》，这一倡议标志着大数据已经成为重要的时代特征。我国政府一直把握大数据及其技术的发展进程，2011 年，中国工信部把信息处理技术作为四项关键技术创新工程之一，包括海量数据存储、数据挖掘、图像视频智能分析等大数据重要组成部分。2014 年，大数据首次出现在《政府工作报告》中。该报告指出，要设立新兴产业创业创新平台，在大数据等方面赶超先进，引领未来产业发展。大数据旋即成为国内热议词汇。2015 年，党的十八大五中全会的"十三五"规划中将大数据作为国家级战略，内容包括推动大数据在工业研发、制造、产业链全流程各环节的应用，支持服务业利用大数据建立品牌、精准营销和定制服务等。

## 1.1.2 大数据的概念及特征

自从大数据概念提出之后，人们一直在探讨究竟什么是大数据，不同机构对大数据也有不同的定义。百度百科给出的解释是：大数据是指无法在一定时间范围内用常规软件工具进行捕捉、管理和处理的数据集合，是需要新处理模式才能具有更强的决策力、洞察发现力和流程优化能力的海量、高增长率及多样化的信息资产。麦肯锡对大数据的定义是：一种规模大到在获取、存储、管理、分析方面往往超出了传统数据库软件工具能力范围的数据集合。中国产业研究所在发布的白皮书中定义：大数据是指需要通过快速获取、处理、分析，以从中提取有价值的海量、多样化的交易数据、交互数据或传感数据，其规模往往达到了 PB(1024 TB)级别。

2001 年，美国格特纳公司(Gartner Group)的分析师道格拉斯·兰尼(Douglas Laney)首次从大数据特征的角度对其进行了相对明确的定义，他强调大数据必须具备 3V 特征，即容量大(Volume)、多样化(Variety)和速度快(Velocity)。2012 年世界经济论坛上发布的一份题为《大数据，大影响》(Big Data, Big Impact)的报告宣称，数据已经成为一种新的经济资产类别，就像货币或黄金一样。之后，大数据的特征也从最初的"3V"变成"6V+1C"，即数据体量大(Volume)、类型多样化(Variety)、存取处理速度快(Velocity)、应用价值大而密度低(Value)、数据获取与发送的方式自由灵活(Variability)、真实程度要求高(Veracity)，以及处理和分析难度非常大(Complexity)。麦肯锡总结大数据具有海量的数据规模、快速的数据流转、多样的数据类型和价值密度低四大特征。大众比较认可的大数据学者维克托·迈尔·舍恩伯格和肯尼斯·克耶编写的《大数据时代》一书中用 4 个"V"打头的词来描述大数据的特征，即大数据具备海量(Volume)、异构(Variety)、高速(Velocity)和价值(Value)四大特征。与互联网数据中心 IDC(Internet Data Center)定义的大数据的四大特征，即海量的数据规模(Volume)、快速的数据流转和动态的数据体系(Velocity)、多样的数据类型(Variety)和巨大的数据价值(Value)基本一致。

总结上述所提出的大数据的特征如下：

(1) Volume：数据量大，包括采集、存储和计算的量都非常大。大数据的起始计量单位至少是 PB(1000 个 TB)、EB(100 万个 TB)或 ZB(10 亿个 TB)。

(2) Variety：种类和来源多样化。相对于以往便于存储于数据库中的结构化数据，非结构化数据越来越多，包括网络日志、音频、视频、图片、地理位置信息等，这些多类型的数据对数据的处理能力提出了更高要求。

(3) Value：数据价值密度相对较低，或者说是浪里淘沙却又弥足珍贵。随着互联网以及物联网的广泛应用，信息感知无处不在，信息海量，但价值密度较低。以视频为例，一部监控设备采集的连续不间断的 1 小时监控视频中有用数据可能仅有一二秒。如何通过强大的机器算法更迅速地完成数据的价值"提纯"成为目前大数据背景下亟待解决的难题。

(4) Velocity：这里的速度包括两方面含义，一方面是数据增长速度快，另一方面是要求处理速度快、时效性高。根据 IDC 的"数字宇宙"的报告，预计 2020 年全球数据使用量将达到 35.2 ZB。在如此海量的数据面前，处理数据的效率就是企业的生命。比如，搜索引擎要求几分钟前的新闻能够被用户查询到，个性化推荐算法尽可能要求实时完成推荐。这是大数据区别于传统数据挖掘的显著特征。

(5) Veracity：数据的准确性和可信赖度，即数据的质量。大数据中的内容是与真实世界中发生的事件息息相关的，研究大数据就是从庞大的网络数据中提取出能够解释和预测现实事件的过程，数据的质量决定着大数据分析结果的质量。

### 1.1.3　大数据的奥秘

哈佛大学教授加里·金说过，大数据重要的不是数据(Big Data is not about the data)。

"大数据"的奥秘不在于它的"大"，而在于"新数据"与传统知识之间的矛盾日益突出。大数据并不等同于"小数据的集合"。从小数据到大数据出现了"涌现"现象，"涌现"才是大数据的本质特征。所谓涌现(Emergence)是指系统大于元素之和，或者说系统在跨越层次时出现了新的质。大数据"涌现"现象的具体表现形式有多种，可见以下情况。

(1) 价值涌现。大数据中的某个成员小数据可能没有什么价值，但由这些小数据组成的大数据会很有价值。

(2) 隐私涌现。大数据中的成员小数据可能不涉及隐私(非敏感数据)，但由这些小数据组成的大数据可能严重威胁个人隐私(敏感数据)。

(3) 质量涌现。大数据中的成员小数据可能有质量问题(不可信数据)，允许缺少、冗余、垃圾数据的存在，但不影响大数据的质量(可信数据)。

(4) 安全涌现。大数据中的成员小数据可能不涉及安全问题(不带密级数据)，但如果将这些小数据放在一起变成大数据之后，则很可能影响到机构信息安全、社会稳定，甚至国家安全(带密级的数据)。

## 1.2　相关术语

### 1.2.1　从数据到智慧

我们一直在说大数据，但究竟什么是数据呢？数据(data)是事实或观察的结果，是对客观事物的逻辑归纳，是用于表示客观事物的未经加工的原始素材。数据可以是连续的值，比如声音、图像(即模拟数据)，也可以是离散的，如符号、文字(即数字数据)。在计算机系统中，数据以二进制数 0 或 1 的形式表示。

人类已经进入一个一切都被记录的时代，无论是去淘宝购物，还是从网络上下载各种软件和游戏、预订机票或火车票、在网络上发表博文，或通过 QQ、微信聊天，为成为某种会员在线上或线下填写各式各样的调查表格等。在这些过程中，我们都贡献了自己的数据。有记录表明中国通信运营商每天要记录 50 亿通电话，百度每天要处理超过 10 亿次的访问请求，Facebook 一个月仅照片就会更新 10 亿张。根据 IBM 最新的估计，我们每天新产生的数据量达到 $2.5 \times 10^{18}$ 字节，即 2.5 EB。这些数据究竟有多大呢？让我们来看一下数据的量级概念。数据量的大小可以用计算机存储容量的单位来计算，基本单位是字节(Byte)，1 个字节是 8 位二进制数，如下所示：

| | |
|---|---|
| 1 Byte(B) | 相当于一个英文字母 |
| 1 Kilobyte(KB) = 1024 B | 相当于一则短篇故事的内容 |
| 1 Megabyte(MB) = 1024 KB | 相当于一则短篇小说的文字内容 |
| 1 Gigabyte(GB) = 1024 MB | 相当于贝多芬第五交响曲的乐谱内容 |
| 1 Terabyte(TB) = 1024 GB | 相当于一家大型医院中所有 X 光图片的内容 |
| 1 Petabyte(PB) = 1024 TB | 相当于 50%全美学术研究图书馆藏书信息 |
| 1 Exabyte(EB) = 1024 PB | 相当于美国国会图书馆中所有书面资料的 10 万倍 |
| 1 Zettabyte(ZB) = 1024 EB | 如同全世界海滩上的沙子数量的总和 |
| 1 YottaByte(YB) = 1024 ZB | 1024 个像地球一样的星球上的沙子数量总和 |

从上面的数据量级介绍中，我们知道现在的数据产生量是惊人的，但这些数据能不能直接发挥作用呢？数据量大是不是信息量就大呢？信息和知识之间是什么关系呢？有知识是不是就是有智慧呢？下面我们依据 DIKW 模型对数据、信息、知识和智慧相关概念做一个解读。

DIKW 模型(Data to Information to Knowledge to Wisdom Model)是一个可以帮助理解数据(Data)、信息(Information)、知识(Knowledge)和智慧(Wisdom)之间关系的模型，展现了数据是如何一步步转化为信息、知识乃至智慧的。

1982 年 12 月，美国教育家哈蓝·克利夫兰在《未来主义者》杂志中发表文章"Information as a Resource"，第一次提出了 DIKW 模型体系。

DIKW 模型将数据、信息、知识、智慧纳入一种层次体系中，每一层比下一层多赋予了一些特质。原始观察及量度获得了数据，可以是数字、文字、图像、符号等，往往是离散的元素，可以认为数据是原材料，只是描述发生了什么事情，并不提供判断或解释；处理加工数据，分析数据间的关系，使数据具有某种意义就获得了信息，信息虽给出了数据中一些有一定意义的东西，但往往和人们手上的任务并没有什么关联，还不能作为判断决策和行动的依据；对信息进行整合，使信息变得有用，即从信息中理解其模式，就形成知识；在大量知识积累的基础上，总结成原理和法则，便形成了所谓智慧。智慧是人类所表现出来的一种独有的能力，即收集、加工、应用、传播知识的能力，以及对事物发展的前瞻性看法。在知识的基础之上，通过经验、阅历、见识的累积，而形成的对事物的深刻认识和远见，体现为一种卓越的判断力，即可认为是对知识的升华，如图 1-2 所示。

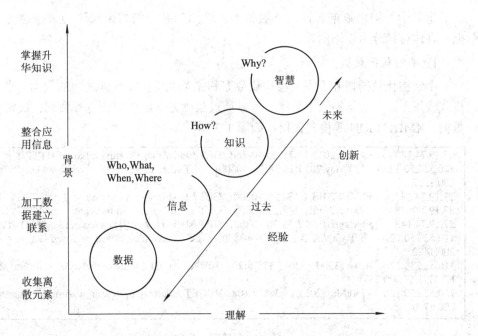

图 1-2 DIKW 模型

举个例子，通过度量大西洋可以得到一个数字(如 1000 km)，这样就得到一个数据表示大西洋的宽度。如果将这个数据记录到一本书中，结合其他数据介绍大西洋的形状特征，就形成了信息。如果采用这本书上的各种相关信息产生一种能横渡大西洋的方法，就形成了知识。如果运动员掌握了知识，并结合实际的气候、环境变化等情况很好地完成了横渡的任务，往往就形成了智慧。

从整体来看，知识的演进路线可以是双向的。从噪声中分拣出数据，转化为信息，升级为知识，进而升华为智慧。这样一个过程是信息的管理和分类过程，让信息从庞大、无序到分类、有序，各取所需，这就是一个知识管理的过程。反过来，随着信息生产与传播手段的极大丰富，知识的产生其实也是一个不断衰退的过程，从智慧传播为知识，从知识普及为信息，从信息变为记录的数据。

## 1.2.2 结构化与非结构化数据

从数据格式的角度可将数据分为结构化数据与非结构化数据。

### 1. 结构化数据

结构化数据一般是指存储在数据库中，用二维表结构来表现的数据，如表 1-1 所示。

表 1-1 结构化数据示例

| 客户号 | 客户姓名 | 商品单价 | 商品名称 | 商品数量 |
| --- | --- | --- | --- | --- |
| 2019111001 | 刘伟 | 3800.0 | 家用冰箱 | 1 |
| 2019120602 | 李洁 | 1508.0 | 彩色电视机 | 1 |

### 2. 非结构化数据

相对于结构化数据而言，一般将不方便用二维表结构来表现的数据称为非结构化数据，具体可细分为以下两种。

#### 1) 半结构化数据

半结构化数据指介于完全结构化数据和完全无结构化数据之间的数据。半结构化数据格式较规范，一般是纯文本数据，可以通过某种方式解析得到每项数据。最常见的是日志数据、XML、JSON 等格式数据，如图 1-3 和图 1-4 所示。

```
27.19.74.143 - - [30/May/2013:17:38:20 +0800] "GET /static/image/common/faq.gif HTTP/1.1" 200 1127
110.52.250.126 - - [30/May/2013:17:38:20 +0800] "GET /data/cache/style_1_widthauto.css?y7a HTTP/1.1" 200 1292
27.19.74.143 - - [30/May/2013:17:38:20 +0800] "GET /static/image/common/hot_1.gif HTTP/1.1" 200 680
27.19.74.143 - - [30/May/2013:17:38:20 +0800] "GET /static/image/common/hot_2.gif HTTP/1.1" 200 682
27.19.74.143 - - [30/May/2013:17:38:20 +0800] "GET /static/image/filetype/common.gif HTTP/1.1" 200 90
110.52.250.126 - - [30/May/2013:17:38:20 +0800] "GET /source/plugin/wsh_wx/img/wsh_zk.css HTTP/1.1" 200 1482
110.52.250.126 - - [30/May/2013:17:38:20 +0800] "GET /data/cache/style_1_forum_index.css?y7a HTTP/1.1" 200 2331
110.52.250.126 - - [30/May/2013:17:38:20 +0800] "GET /source/plugin/wsh_wx/img/wx_jqr.gif HTTP/1.1" 200 1770
```

图 1-3 某网站登录日志数据

```
<employees>
    <employee>
        <firstName>Bill</firstName>
        <lastName>Gates</lastName>
    </employee>
    <employee>
        <firstName>George</firstName>
        <lastName>Bush</lastName>
    </employee>
    <employee>
        <firstName>Thomas</firstName>
        <lastName>Li </lastName>
    </employee>
</employees>
```

```
{    "employees": [
        {
            "firstName": "Bill",
            "lastName": "Gates"
        },
        {
            "firstName": "George",
            "lastName": "Bush"
        },
        {
            "firstName": "Thomas",
            "lastName": "Li"
        }
    ]
}
```

(a) XML 格式数据  (b) JSON 格式数据

图 1-4 XML 及 JSON 格式数据

从图 1-3 和图 1-4 展示的数据可以发现，半结构化数据经过采集处理后可将其中需要的内容转换为结构化信息的内容。如图 1-3 可以形成表 1-2 的结构，图 1-4 可以形成表 1-3 的结构，其中 ID 列的值可以自动生成或根据应用需求设计相应的编码规则。

表 1-2 日志转换为结构化表格

| IP 地址 | 时 间 | 方法/URI | 状态 | 流量 |
|---|---|---|---|---|
| 27.19.74.143 | 20130530173820 | GET/static/image/common/faq.gif | 200 | 1127 |
| 110.52.250.126 | 20130530173820 | GET/data/cache/style_1_widthauto.css | 200 | 1292 |

表 1-3　XML 及 JSON 转换为结构化表格

| ID | 姓 | 名 |
|---|---|---|
| — | Gates | Bill |

2) 无结构化数据

无结构化数据是指非纯文本类数据，没有标准格式，无法直接解析出相应的值。常见的有富文本格式文档(Rich Text Format，RTF)、多媒体(如图像、声音、视频等)。富文本不同于普通文本之处，在于其文本包含多种格式(如颜色、字体大小等)。富文本通常由富文本编辑器产生，如图 1-5 所示。

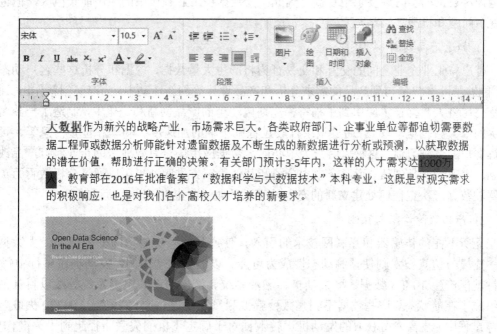

图 1-5　富文本编辑器产生的 Rich Text

在计算机系统中，多媒体是指组合两种或两种以上媒体的一种人机交互式信息交流和传播媒体，通过整合各种媒体的功能联手为用户提供多种形式的数据展现，使得到的信息更加直观、生动。多媒体数据包括文字、图片、照片、声音、动画和视频等，这些数据均不能直接以格式化形式存储。

## 1.3　大数据的应用、挑战与变革

随着移动互联网、云计算、物联网等信息技术产业发展的日新月异，信息传输、存储与处理能力快速上升，导致数据量呈指数型递增。传统的简单抽样调查已经无法满足当下对数据时效性、海量性及精确性的需求。大数据的出现改变了传统数据收集、存储与处理挖掘的方式，数据采集方式更加多样化，数据来源更加广泛化、多样化，数据处理方式也由简单因果关系转向发现密切联系，同时大数据还能基于历史数据分析，提供市场预测和促成决策。具体来说，大数据通过"量"提升了数据分析对"质"的宽容度，使技术与算法从"静态"走向"持续"，实现了从数据到价值的高效转化，从而降低了数据分析的成本门槛。

### 1.3.1　大数据的应用

#### 1. 大数据在工业中的应用

在工业企业中生产线处于高速运行状态，工业设备产生、采集和处理的数据量远远大于企业计算机和人工生成的数据，其中大部分是数据类型中的非结构化数据，生产线的高速运行对数据的实时性要求也更高。因此，大数据在工业领域中的应用前景巨大，但也面临许多问题和挑战。

##### 1) 加速产品创新

客户与工业企业之间的交互和交易行为将产生大量数据，挖掘和分析这些客户动态数据，能够帮助客户参与到产品的需求分析和产品设计等创新活动中，为产品创新作出贡献。福特公司将大数据技术应用到了福特福克斯电动车的产品创新和优化中，制造了一款名副其实的"大数据电动车"。通过记录行驶过程中车辆的加速度、刹车和位置信息等，可以了解客户的驾驶习惯。这种以客户为中心的大数据应用场景有效地帮助企业制订产品改进计划，实现新产品创新。而且，电力公司和其他第三方供应商也可以通过分析数百万英里的驾驶数据，决定在何处建立新的充电站，以及如何防止电网超负荷运转。

##### 2) 产品故障诊断与预测

无所不在的传感器和互联网技术的引入，使产品故障实时诊断变为现实，大数据应用、建模与仿真技术则使预测动态性成为可能。以波音 737 为例，发动机在飞行中每 30 分钟就能产生 10 TB 数据，而发动机、燃油系统、液压系统和电力系统等数以百计的变量组成了在航状态，这些数据不到几微秒就被测量和发送一次。在马航 MH370 失联客机搜寻过程中，波音公司获取的发动机运转数据对于确定飞机的失联路径起到了关键作用。同时，这些数据不仅可供在未来某个时间进行分析，而且还促进了实时自适应控制、燃油使用、零件故障预测和飞行员通报技术的发展，有效地实现故障诊断和预测。再看一个通用电气((GE)的例子，位于美国亚特兰大的 GE 能源监测和诊断(M&D)中心，负责收集全球 50 多个国家上千台 GE 燃气轮机的数据，每天可收集 10 GB 的客户数据，通过分析来自系统内的传感器振动和温度信号的大数据流，为 GE 公司对燃气轮机故障诊断和预警提供了数据支撑。

##### 3) 工业供应链的分析和优化

当前，大数据分析是很多电子商务企业提升供应链竞争力的重要手段。RFID 等产品电子标识技术、物联网技术及移动互联网技术能帮助工业企业获得完整的产品供应链大数据，利用这些数据进行分析，将带来仓储、配送、销售效率的大幅提升和成本的大幅下降。例如，电子商务企业京东商城，通过大数据提前分析和预测各地商品需求量，提高配送和仓储的效能，保证了次日货到的客户体验。

再以海尔公司为例，海尔公司供应链体系很完善，以市场链为纽带，以订单信息流为中心，带动物流和资金流的运动，整合全球供应链资源和全球用户资源。在海尔供应链的各个环节、企业内部及供应商等数据被汇总到供应链体系中，通过供应链上的大数据采集和分析，海尔公司能够持续进行供应链的改进和优化，保证了海尔对客户的敏捷响应。

4) 产品销售预测与需求管理

大数据是一个很好的销售分析工具，通过历史数据的多维度组合，可以看出区域性需求占比和变化、产品品类的市场受欢迎程度，以及最常见的组合形式、消费者的层次等，进而调整产品策略和铺货策略。通过某些分析发现，在开学季高校较多的城市对文具的需求大幅提高，这样可以加大对这些城市经销商的促销，吸引他们在开学季多订货，同时在开学季前一两个月开始产能规划，以满足促销需求。在产品开发方面，根据消费人群的关注点进行产品功能和性能的调整，如几年前大家喜欢用音乐手机，而现在大家更倾向于用手机上网、拍照分享等。因此，手机的拍照功能提升就是一个趋势，5G 手机也将占据更大的市场份额。通过大数据对一些市场细节的分析，可以找到更多潜在的销售机会。

5) 产品质量管理与分析

传统的制造业正面临着大数据的冲击，在产品研发、工艺设计、质量管理、生产运营等方面都迫切期待着创新方法的诞生，应对工业背景下的大数据挑战。例如：在半导体行业，芯片的生产会经历许多次掺杂、增层、光刻和热处理等复杂的工艺制程，每一步都必须达到极其苛刻的物理特性要求，高度自动化的设备在加工产品的同时，也同步生成了庞大的检测结果。这些海量数据不应该是企业的包袱，而应该成为企业的金矿。

### 2. 大数据在农业中的应用

农业大数据是融合了农业地域性、季节性、多样性、周期性等自身特征后产生的来源广泛、类型多样、结构复杂，具有潜在价值，并难以应用常规方法处理和分析的数据集合。它除保留了大数据自身所具有的规模巨大、类型多样、价值密度低、处理快速、精确度高和复杂度高等基本特征外，还使农业内部的信息流得到了延展和深化。根据农业的产业链条划分，目前农业大数据主要集中在农业环境与资源、农业生产、农业市场和农业管理等领域。

1) 农场云端管理服务

总部位于美国哥伦布市的 Farmeron 成立于 2010 年，旨在为全球农民提供类似于 Google Analytics 的数据跟踪和分析服务。Farmeron 于 2011 年 11 月正式推出基于 Web 端的农场管理工具，农民可在其网站上利用该软件记录和跟踪自己的畜牧情况(包括饲料库存、消耗/花费，畜禽出生、死亡及产奶等信息，以及农场的收支信息)。Farmeron 的价值在于帮助农场主将碎片化的农业生产记录与信息整合到一起，利用先进的分析工具，为农场主提供有针对性的农场监测分析及生产状况报告，以便于农场主科学地制订农业生产计划。

目前，Farmeron 已在 14 个国家建立农业管理平台，为 450 个农场提供商业监控服务，并已与德国畜牧业和农产品物流企业 NeelsenAgrar GmbH 达成分销合作协议。

2) 土壤抽样分析服务

总部位于美国硅谷的 Solum 成立于 2009 年，致力于提供精细化农业服务，目标是帮助农民提高产出和降低成本。该公司所开发的软硬件系统能够实现高效、精准的土壤抽样分析，以帮助种植者选择正确的时间和地点进行精确施肥。此外，农民可以通过该公司开发的 No Wait Nitrate 系统在田间地头进行实时分析，即时获取土壤数据，也可以把土壤样本寄给该公司的实验室进行全面分析。

3) 精准农业/林业航空成像服务商

总部位于美国俄勒冈的 HoneyComb 成立于 2012 年。HoneyComb 利用无人机为农民和林业管理人员提供精准的农业和林业航空成像解决方案，旨在为农场与林业管理带来更高效率。HoneyComb 通过分析无人机反馈的图像数据，提取出农作物健康状况和资源分配等有价值的信息，并将这些信息生成地图，提供给农民和林业管理人员。相关人员通过地图提供的精准信息，可获得每一块土地的农作物的生长状况、病虫害及水分等数据，从而进行相关资源分配，在减少人力物力投入的同时保证产量。

4) 牧场数据采集监测服务商

总部位于英国格拉斯哥市的 Silent Herdsman 成立于 2009 年，公司的原名为 Embedded Technology Systems(嵌入式技术系统公司)。Silent Herdsman 专注于牧场数据采集与监测，服务于从事奶制品及牛肉生产的农场主。农场主在奶牛脖子上佩戴监测设备，通过无线网络，利用智能手机、平板电脑等设备可以实时监测奶牛生长状况与行为，如健康状况、是否处于发情期等。当发现异常情况时，与 Silent Herdsman 系统相连接的设备就会发出警报告知工作人员。使用该系统可以同时管理规模多达 1000 头奶牛的农场，通过智能设备及信息系统的辅助农场管理效率将发生质的改变。

5) 大数据意外天气保险服务

总部位于美国旧金山的 The Climate Corporation 成立于 2006 年，是一家为农民提供天气意外保险的公司。该公司通过 2500 万个远程传感器采集天气数据，同时结合天气模拟技术与大量的植物根部特性、土质特点等信息，通过地图技术绘制全美国的所有土地气候数据。在综合分析各种数据后，会通过系统推送给农民未来可能会破坏农业生产的极端天气，并推出相应的保险业务。由农民自由选择合适的保险进行投保，从而使意外天气对农民的损害降到最低。

3. 大数据在服务业中的应用

大数据的运用已经成为提升现代服务业发展的新动能。

1) 大数据缓解交通拥堵

为腾讯地图、百度地图等提供数据服务的北京世纪高通科技有限公司是中国最大的地图上市公司，通过大数据汇聚、融合处理、分析挖掘等相关核心技术，搭建了众多面向公众出行的动态交通信息服务平台。截至目前，该公司的服务能够覆盖超过 300 多个城市，通过合作伙伴(包括百度地图、腾讯地图)向客户提供详细的交通信息服务和更高频次更新的信息服务。此外，世纪高通还通过交通数据与气象、环保、经济数据的多维度多角度分析，实现交通大数据业务的创新和发展，有效地缓解大城市的交通拥堵状况，提高出行效率，节约大量能源，减少尾气排放。

### 2) 大数据守护轨道交通安全

中国拥有世界上运行速度最快的高铁，高铁改变了我们的生活和出行方式，也提供了安全、平稳、快捷、舒适的体验。高铁动车组之所以能适应长期高速、高寒、高风沙、高原等各种复杂地理环境，是依靠了动车组的运营维护体系。动车组的运维与检修以大数据分析作为支撑，通过将动态的车载数据进行实时采集分析，将静态的检修数据经多维度分析，得出保障动车组安全的精准运维决策。

### 3) 大数据优化物流资源配置

物流市场的动态性和随机性很强，从大数据中可获取市场变化、物流需求等信息，及时规划和调整资源配置；同时可因此优化物流路由规划、降低物流成本和提高时效。比如，通过对市场货量、交通网络、辐射区域、竞争对手市场占有率等综合情况的大数据分析，帮助完成物流选址、物流车辆调度等决策。

### 4. 大数据在体育界的应用

从全球范围来看，大数据跨界竞技体育的主流应用集中在竞技水平提升、运动伤病预防及数字娱乐创新三大方向，更具体的划分则包括：战术设计、球员评估与选拔、训练反馈等有助于团队或个人提升水平的环节；将运动员伤病史、运动习惯和历史其他数据进行建模分析，并最终预判伤病发生情况；体彩相关赛事结果预测和分析、基于真实数据的体育模拟经营类游戏构建等。

例如：赛前利用体育相关数据(如运动员统计资料、战术信息等一系列与研究对象相关的信息)来发掘有价值的特征(如相关性、隐藏趋势等)，并通过图形、报告等形式传达给终端决策者，更好地制定出自己球队的应对策略；比赛中则通过赛场上的数据捕获、实时分析、可视化呈现等技术，协助完成比赛；赛后得出关于球员、球队、策略等方面的综合性报告，最终达到提高竞技水平的目的。在通过大数据提升运动员的竞技水平方面，数据分析的需求潜力巨大，主要应用于战术制定、球员评估和训练反馈三个环节。以篮球赛事为例，技术平台的数据维度早已不再局限于早期的得分、篮板、助攻、投篮、时间等简单易得的统计数据，而是将数据维度进行了极大的拓展，如"一对一防守成功率""球员持球次数及时间""跑动距离及速度""球员受助次数""某一球员对特定球员的助攻成功率""运球次数"等更为细化、复杂的统计数据都被纳入系统。

未来，竞技体育中的体征数据(如心率、血压、血氧)、环境数据(如天气、场馆地面)、装备数据(如场上运动员的装备及能力)，乃至运动员的心态数据都将逐步呈现。这些数据将协助制订更有针对性的训练计划，结合诸如球员心理状态和医疗进度等方面的信息，最终将所有这些数据整合到统一的系统解决方案之中。

### 5. 大数据在医药行业中的应用

医药行业作为与民众生命健康密不可分的行业，其重要性不言而喻，大数据在医药行业的应用不仅关乎医药产业的发展，还影响着民众的生命健康，具有极为重要的意义。通过大数据采集和挖掘，医药企业可以拓宽市场调研数据的广度和深度，并通过大数据模型分析，掌握医药行业市场构成与变化趋势、细分市场的特征、消费者需求和竞争者经营状况等众多因素，对未来的市场作出一定的预测，针对性和个性化设定产品的市场定位。在新药研发、供应链管理、医药生产质量控制与工艺改进、市场营销收益管理和企业品牌建设等方面，大数据应用迫在眉睫，需要给予高度重视。通过行业协会、医药企业、大数据专业机构、医药企业上下游企业及政府管理机构采取多元化的合作模式，以"共享、共赢"的模式推动医药大数据的快速发展，共同努力实现医药行业的转型升级。

总之，大数据已从概念落入到实地，在工业、农业、服务业及社会的各个领域均有大量运用。随着云计算、物联网、移动互联网等支撑行业快速发展，未来大数据将拥有更为广阔的应用市场空间。

### 1.3.2　大数据带来的挑战

大数据发展到现在已具有一定的技术和应用积累，但仍有很多难题尚未解决，最主要的挑战存在于成本、实时性和安全三方面。

#### 1. 成本挑战

运营商普遍受到腾讯、阿里巴巴等互联网厂商向用户提供各种应用的挤压，面临着管理转型、利润下降的风险。而运营商的数据量巨大，以 PB 为基本单位的数据，处理起来需要巨大的投入。外部商业环境和内部规模的双重挤压，对大数据平台提出了很高的性能和成本要求。

#### 2. 实时性挑战

如果从广义的数据质量角度看，随着时间的推移，数据的价值将逐渐降低，时间越久的数据，其价值越低。举个例子，一家商场需要对当前在商场内的客户做一个推荐活动。但是端到端采集和处理数据的时间过长，最后推荐平台得到的用户列表都是过期的列表。列表上的名单可能已经不在商场内，而新到的用户还没有更新到名单中，所以很多业务对大数据平台端到端的实时性提出了很高的要求。

#### 3. 安全挑战

安全挑战体现在两方面：一方面是在技术上，随着超文本传输安全协议的推广应用，数据在传输过程中采取管理加密的方式，运营商作为管道获取数据的难度变得越来越大；另一方面是在法理上，用户的哪些数据是可以获取的，哪些是不允许读取的，始终存在侵犯用户隐私的法律风险。

### 1.3.3　大数据带来的变革

大数据带来了巨大的变革，具体来说包括以下八个方面。

#### 1. 决策方式：从目标驱动型到数据驱动型

传统思维中，决策制定往往是由"目标"或"模型"驱动的，需根据目标(或模型)进行决策。然而，大数据时代出现了另一种思维模式，即数据驱动型决策，数据成为决策制定的主要触发条件和重要依据。近年来，很多企业部门的岗位设置不再是固化的，可能会根据数据分析的结果灵活调整企业内部结构。

### 2. 方法论：从基于知识的方法到基于数据的方法

传统的方法论往往是基于"基于知识"的，即从"大量实践(数据)"总结和提炼出一般性知识(如定理、模式、模型、函数等)之后，用知识去解决(或解释)问题。因此，传统的问题解决思路是"问题→知识→问题"，即根据问题找"知识"，并用"知识"解决"问题"。现在，数据科学中出现了另一种方法论，解决思路是"问题→数据→问题"，即根据问题找"数据"，并且用数据(不需要将"数据"转换为"知识"的前提下)解决问题。

### 3. 计算方式：从复杂算法到简单分析

"只要拥有足够多的数据，我们可以变得更为聪明"，这是大数据时代的一个新认识。因此，在大数据时代原本复杂的"智能问题"变成简单的"数据问题"，往往只要对大数据进行简单查询就可以达到"基于复杂算法的智能计算的效果"。为此，很多学者曾讨论过一个重要话题——"大数据时代需要的是更多数据还是更好的模型"。机器翻译是传统自然语言技术领域的难点，虽曾提出过很多种"算法"，但应用效果并不理想。近年来，Google 翻译等工具改变了"实现策略"，不再仅靠复杂算法进行翻译，而对他们之前收集的跨语言语料库进行简单查询的方式，提升了机器翻译的效果和效率。

### 4. 管理方式：从业务数据化到数据业务化

在大数据时代，企业需要重视一个新的课题——数据业务化，即如何"基于数据"动态定义、优化、重组业务及其流程，进而提升业务的敏捷性，降低风险和成本。但是，在传统数据管理中我们更加关注的是业务的数据化问题，即如何将业务活动以数据方式记录下来，以便进行业务的审计、分析与挖掘。由此可见，业务数据化是前提，而数据业务化是目标。

### 5. 研究范式：从第三范式到第四范式

2007 年，图灵奖获得者 Jim Gray 提出了科学研究的第四范式——数据密集型科学发现。在他看来，人类科学研究活动经历了三种不同范式的演变过程(原始社会的"实验科学范式"、以模型和归纳为特征的"理论科学范式"和以模拟仿真为特征的"计算科学范式")，而目前正在从"计算科学范式"转向"数据密集型科学发现范式"(第四范式)。它的主要特点是科学研究人员只需要从大数据中查找和挖掘所需的信息和知识，无须直接面对所研究的物理对象。

### 6. 数据的属性：从数据是资源到数据是资产

在大数据时代，数据不仅是一种"资源"，更是一种重要的"资产"。因此，数据科学应把数据当做一种"资产"来管理，而不能仅仅当做"资源"来对待。也就是说，与其他类型的资产一样，数据也具有财务价值，且需要作为独立实体进行组织与管理。

### 7. 数据处理模式：从小众参与到大规模协同

传统科学中，数据的分析和挖掘都是具有很高专业素养的"企业核心员工"的事情，企业管理的重要目的是如何激励和考核这些"核心员工"。但是，在大数据时代基于"核心员工"的创新工作成本和风险越来越大，而大规模协作日益受到重视，并逐步成为解决数据规模与形式化之间矛盾的重要手段。

**8. 思维模式：从抽样思维到整体思维、相关思维和容错思维**

随着数据获取、存储与计算能力的提升，我们可以很容易获得统计学中所指的"总体"中的全部数据，且可以在总体上直接进行计算，而不再需要进行"抽样操作"。

在海量、动态及异构数据环境中，人们更加关注的是数据计算的"效率"，而不再盲目追求其"精准度"。例如，在数据科学中广泛应用"基于数据的"思维模式，重视对"相关性"的分析，而不是等到发现"真正的因果关系"之后才解决问题。在大数据时代，人们开始重视相关分析，而不仅仅是因果分析。

对于小数据而言，因为收集的信息量比较少，必须确保记下来的数据尽量精确，然而，在大数据时代只有 5%的数据是结构化且能适用于传统数据库的数据。如果不接受容错思维，剩下的95%的非结构化数据就无法利用，导致放松了容错的标准。事实上，人们可以利用这95%的数据做更多新的事情，帮助人们进一步接近事实的真相。

# 1.4　大数据所涉及的技术

与大数据的采集、传输、处理和应用相关的技术就是大数据所涉及的技术。本质上，大数据技术是一系列使用非传统工具来对大量的结构化、半结构化和非结构化的数据进行处理，从而获得分析和预测结果的一系列数据处理技术。

大数据与传统数据的特征不同，大数据应用在数据产生、聚集、分析和利用的各阶段都有特定的需求，并通过相应的技术加以实现。大数据应用从架构层面实现业务需求向技术需求的逻辑映射如表 1-4 所示。

表 1-4　大数据应用的业务与技术的逻辑映射

| 业务环节 | 业务需求 | 技术实现 |
| --- | --- | --- |
| 产生 | 大数据操作<br>数据容量：每 18 个月翻一番<br>数据类型：多于 80%的数据来自于非结构化数据<br>数据速度：数据来源不断变化，数据快速流通 | 采用统一的大数据处理方法，使企业用户能够快速处理和加载海量数据，能够在统一平台上对不同类型的数据进行处理和存储 |
| 聚集 | 管理大数据的复杂性，需要分类、同步、聚合、集成、共享、转换、剖析、迁移、压缩、备份、保护、恢复、清洗及淘汰各种类型数据 | 数据集成和管理平台，集成各种工具和服务来管理异构存储环境下的各类数据 |
| 分析 | 当前数据仓库和数据挖掘擅长分析结构化的事后数据，在大数据环境下要求能够分析非结构化数据，包括流文件，才能进行实时分析和预测 | 建立实时预测分析解决方案，整合结构化的数据仓库和非结构化的分析工具 |
| 利用 | 满足不同用户对大数据的实时、多种访问方式 | 任何时间、任何地点、任何设备上的集中共享和协同 |
| | 需要理解大数据如何影响业务，如何转化为行动 | 对大数据影响业务和战略进行建模，并利用技术来实现这些模型 |

具体来说，大数据从数据源经过采集、分析挖掘到最终获得价值，一般需要经过 6 个主要环节，包括数据采集、数据准备、存储管理、计算处理、数据分析和结果展现，其中每个环节都面临不同程度的技术上的挑战。大数据技术体系如图 1-6 所示。

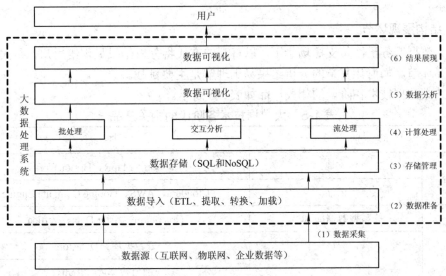

图 1-6 大数据技术体系

### 1. 数据采集阶段

大数据的主要数据来源有三个途径，分别是互联网应用、物联网系统及传统信息系统。首先要根据大数据应用需求确定采集数据源，采用相应的采集技术完成数据采集。

### 2. 数据准备环节

在进行存储和处理之前，需要对数据进行清洗、整理，传统数据处理体系中称为 ETL(Extract & Transform & Load)过程。与以往数据分析相比，大数据的来源多种多样，包括企业内部数据库、互联网数据和物联网数据，不仅数量庞大、格式不一，质量也良莠不齐。这就要求数据准备环节，一方面要规范格式，便于后续存储管理；另一方面要在尽可能保留原有语义的情况下消除噪声、去粗取精。

### 3. 数据存储与管理环节

当前全球数据量正以每年超过 50%的速度增长，存储技术的成本和性能面临非常大的压力。大数据存储系统不仅需要以极低的成本存储海量数据，还要适应多样化的非结构化数据管理需求，具备数据格式上的可扩展性。

### 4. 计算处理环节

需要根据处理的数据类型和分析目标，采用适当的算法模型，快速处理数据。海量数据处理要消耗大量的计算资源，对于传统单机或并行计算技术来说，速度、可扩展性和成本都难以适应大数据计算分析的新需求。分而治之的分布式计算成为大数据的主流计算架构，但在一些特定场景下的实时性还需要大幅提升。

### 5. 数据分析环节

数据分析环节需要从纷繁复杂的数据中发现规律提取新的知识，是大数据价值挖掘的关键。传统数据挖掘对象多是结构化、单一对象的小数据集，挖掘更侧重根据先验知识预先人工建立模型，然后依据既定模型进行分析。对于非结构化、多源异构的大数据集的分析，往往缺乏先验知识，很难建立显式的数学模型，这就需要发展更加智能的数据挖掘与分析技术。

### 6. 结构展现环节

在大数据服务于决策支撑场景下，以直观的方式将分析结果呈现给用户，是大数据分析的重要环节。如何让复杂的分析结果易于理解是主要挑战。

总结大数据技术各阶段的相关产品如表 1-5 所示。

表 1-5　大数据技术各阶段的相关产品

| 类　别 | | 产　品 |
|---|---|---|
| 平台 | 本地 | Hadoop、MapR、HortonWorks |
| | 云端 | Cloudera、AWS、Google Compute Engine |
| 数据存储 | 关系型数据库 SQL | Greephum、Aster Data、Vertica |
| | 非关系型数据库 NoSQL | 云数据库：Datastore |
| | | 键值数据库：Redis |
| | | 文档数据库：MongoDB |
| | | 图数据库：Neo4j、GraphDB |
| | 分布式数据库 NewSQL | AmazonDB、Azure、Smanner、VoltDB |
| 数据分析 | 数据仓库 | Hive |
| | 批模式 | MapReduce、Spark |
| | 流模式 | Storm、Kafka、Spark |
| | 图模式 | GraphX、Pergel |
| | 查询分析模式 | Hive |
| | 机器学习 | Mahout、Weka、R、Python |
| 数据解释结果展现 | 日志处理 | Flume |
| | 可视化 | Echart、Excel、SPSS、R、Python、Tableau |
| | 数据分析报告 | RMarkDown |

## 1.5　物联网、云计算与大数据

物联网产生大数据，大数据需要云计算。物联网将物品和互联网连接起来，进行信息交换和通信，以实现智能化识别、定位、跟踪、监控和管理，云计算解决万物互联带来的巨大数据量，所以物联网、云计算与大数据三者互为基础，可以将它们看作一个整体，相互联系、相互促进，如图 1-7 所示。

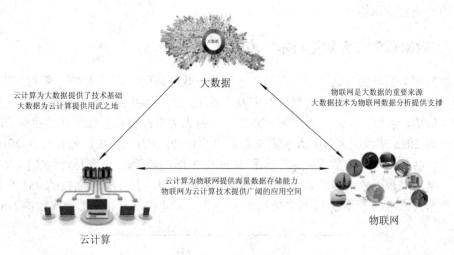

图 1-7　物联网、云计算与大数据的关系

# 1.6　数据科学与大数据

## 1.6.1　数据科学

数据科学(Data Science)一词于 1974 年首次出现在 Peter Naur 的专著 Concise Survey of Computer Methods 中。2001 年，当时在贝尔实验室工作的 William S Cleveland 在 International Statistical Review 上发表了题为《Data Science：an Action Plan for Expanding the Technical Areas of the Field of Statistics》的论文，首次在学术论文中探讨了数据科学。2003 年，ICSU(The International Council for Science)的 CODATA(The Committee on Data for Science and Technology)创立了第一本以"数据科学"命名的学术期刊《The Data Science Journal》。2012 年，数据科学应用于美国总统大选的预测工作，受到广泛关注。Schutt R 在哥伦比亚大学开设了第一门数据科学课程 Introduction to Data Science。

数据科学是关于数据，尤其是大数据的科学，可从以下四方面理解数据科学的含义。

(1) 它是一门将"现实世界"映射到"数据世界"之后，在"数据层次"上研究"现实世界"的问题，并根据"数据世界"的分析结果，对"现实世界"进行预测、洞见、解释和决策的新兴科学。

(2) 它是一门以"数据"，尤其是"大数据"为研究对象，并以数据统计、机器学习、数据可视化等为理论基础，主要研究数据加工、数据管理、数据计算、数据产品开发等活动的交叉学科。

(3) 它是一门以实现"从数据到信息""从数据到知识""从数据到智慧"的转化为主要研究目的，以"数据驱动""数据业务化""数据洞见""数据产品研发"及"数据生态系统的建设"等为主要研究任务的独立学科。

(4) 它是一门以"数据时代"，尤其是"大数据时代"面临的新挑战、新机会、新思维和新方法为核心内容，包括新的理论、方法、模型、技术、平台、工具、应用和最佳实践在内的一整套知识体系。

## 1.6.2 "数据科学与大数据技术"专业

大数据作为新兴的战略产业，市场需求巨大。政府部门、企事业单位等都迫切需要数据工程师或数据分析师，能针对遗留数据及不断生成的新数据进行分析或预测，以获取数据的潜在价值，帮助进行正确的决策。2020年5月人力资源和社会保障部发布相关职业需求，预计到2025年我国大数据人才需求总量将达到2000万人左右。教育部在2016年批准备案了"数据科学与大数据技术"本科专业(分工学和理学)，这既是对现实需求的积极响应，也是对高校人才培养的新要求。截至2019年6月，共479所高校的481个数据科学与大数据技术本科专业点(包括工学和理学)获批。近几年该专业获批情况如图1-8所示。

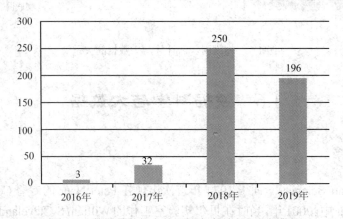

图 1-8　数据科学与大数据技术本科专业获批情况

数据科学与大数据技术专业是交叉型学科，其知识领域涉及数学、统计和计算机等多学科。具体来说，数据科学与大数据技术专业是以数据，特别是大数据为研究对象，以从数据中获取知识与智慧为主要目的，以数学、统计学、计算机科学、可视化及专业领域知识等为理论基础，以数据采集、预处理、数据管理及数据计算等为研究内容的一门学科。数据科学与大数据技术专业应重点培养具有以下三方面素质的人才：① 能理解和运用数据科学模型的理论；② 有处理实际数据的能力；③ 有利用大数据的方法解决具体行业应用问题的能力。

例如，结合地方性高校的人才培养及地域特点，我们认为培养实践型和应用型人才适合学校定位及地方性人才需求。假如学校在工业信息管理、医疗信息管理及交通信息管理上有应用积累，那么人才定位就是"能满足医疗、交通、工业等行业的大数据分析、处理、开发和利用的需求，具备一定的大数据系统集成与管理维护的能力，可从事大数据研究、咨询、教育培训等工作的复合型应用人才"。根据大数据处理的"采集预处理-存储(关系型或非关系型)-挖掘分析-可视化及应用"的流程，可以设置计算机、数据科学和信息管理等学科的基础知识与基本技能性课程，以及能提升大数据工程项目的系统集成能力、应用软件设计和开发能力的实践性课程。

专业建设具体工作可从以下方面展开：

(1) 围绕专业的跨学科特点，确立人才培养目标，设计学科专业的新结构，规划涵盖数学基础、数据分析、计算机科学及大数据技术相关领域的课程体系，并结合学校定位和地域特点，凸显"大数据技术"特色，尤其重视大数据应用，关注数据分析方面的具体应用。

(2) 研究新工科人才培养中"教育教学的新质量"，设计符合"数据科学与大数据技术"人才培养目标的能力矩阵，以输出人才的能力为抓手，确立各门具体课程的知识能力关联矩阵。

(3) 研究新工科人才培养中"工程教育的新理念、人才培养的新模式"，充分挖掘产学协同育人项目的资源，利用合作企业的工程类人才培养经验，开设"领域知识+大数据技术"特色课程，打造适合地方需要的大数据应用人才。

(4) 进一步加强与地方企业的合作，按照专业领域要求在高年级开设大的综合实践课程(4~10周)，结合具体应用，按照新工科分类发展体系进行定制化的人才培养。

(5) 构建教学资料库，包括课堂理论教学资料(如教材、讲义等)、实验材料和学习指导书、实践案例汇总等，使教学资料得到充分利用。同时归纳总结教学过程中的各类问题，利于教学经验的推广。

下面总结及设计了如表 1-6 所示的数据科学与大数据技术专业能力及课程体系，以及图 1-9 所示的执行流程，供读者了解数据科学与大数据技术专业的培养计划，为规划自己的学习路径提供参考。

**表 1-6　数据科学与大数据技术专业能力及课程体系**

| 能力描述 | | 课程设置 | 主要内容 | 培养时段 |
|---|---|---|---|---|
| 专业素质 | 计算思维及编程基础 | 高等数学、概率及统计、程序设计(Python) | 数学基础，描述性、多元、时序、空间等特征的数据分析及编程实现 | 大一至大二 |
| | 数据科学 | 数据科学导论 | 自然语言处理、文本分析、社交网络、推荐系统、数据流等基础知识 | 大二至大三 |
| | | 大数据计算智能 | 人工智能、数据挖掘、机器学习、应用技能等 | |
| | 大数据技术 | 数据库系统概论、大数据技术基础及应用、非结构化大数据分析 | 分布式系统、大数据存储、云计算、数据集成、数据可视化等 | 大二至大四(上) |
| | 解决复杂工程问题能力 | 认识实习、专业实习 | 参观、走访及参与式实践(产学结合) | 大一、大二 |
| | | 专业基础课课程设计 | 系统模块设计与实现 | 大二 |
| | | 专业方向课课程设计 | 完整系统设计与实现 | 大三 |
| | | 专业综合实践 | 较复杂系统的设计与实现 | 大四(上) |
| | | 毕业设计 | 开放性问题探索 | 大四(下) |
| 综合素质 | 人文素养、终身学习能力 | 人文社科类选修课 | 数学的思维模式、创业创新领导力、商业计划书优化、学术基本要素等 | 大一至大四 |
| | 创造力、领导力、国际视野及交往能力 | 假期实践、学科竞赛、国外游学 | 寒暑假科研实践、"挑战杯"大学生课外科技作品竞赛、大数据技能赛等 | 大一至大三 |

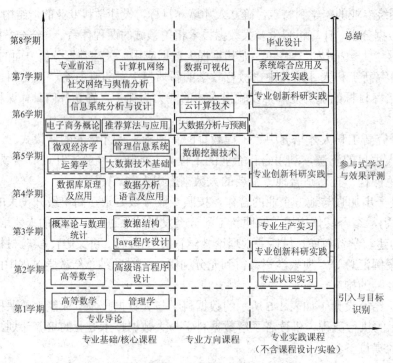

图 1-9　教学执行流程

# 习　　题

1. 什么是大数据？总结大数据的特点。

2. 说明大数据时代带来的变革。

3. 说明大数据的技术框架。

4. 了解"数据科学"与"大数据"的关系，上网收集有关"数据科学与大数据技术"专业的相关信息。

# 参 考 文 献

[1]　DIKW 模型[EB/OL]. https://blog.csdn.net/eric_sun_/article/details/77926525.

[2]　大数据概念[EB/OL]. http://www.qianjia.com/zhike/html/2019-08/28_10723.html.

[3]　什么是大数据[EB/OL]. https://www.sohu.com/a/230624761_468714.

[4]　朝乐门. 数据科学理论与实践[M]. 2 版. 北京：清华大学出版社，2019.

[5]　大数据时代的10个重大变革[EB/OL]. https://blog.csdn.net/Myhoooyo/article/details/89812604.

[6]　程显毅. 大数据技术导论[M]. 北京：机械工业出版社，2019.

[7]　杨显琦. 大数据导论[M]. 北京：机械工业出版社，2019.

[8]　周鸣争. 大数据导论[M]. 北京：中国铁道出版社，2018.

# 第 2 章　大数据采集与准备

　　大数据采集与准备是获取大数据价值的首要步骤。通过大数据采集与准备将收集和整理出适合的数据，是后期大数据分析和获取价值的基础。大数据采集与准备技术主要涉及网络爬虫技术和 ETL 技术等，其中 ETL 是英文 Extract(抽取)-Transform(转换)-Load(加载)的缩写。在 ETL 的三个阶段中 Transform 占据了三分之二的工作量。通常 ETL 操作将采集到的分散、异构数据源中的数据(如关系数据、平面数据文件等)转换为大数据应用中所需要的专家数据。本章将重点介绍大数据采集与准备的相关概念和技术。

## 2.1　大数据来源与采集

### 2.1.1　大数据来源

　　从数据采集的角度看，目前大数据的主要数据来源有三个途径，分别是物联网系统、互联网 Web 系统和传统信息系统。

　　物联网的发展是导致大数据产生的重要原因之一，物联网的数据占据了整个大数据90%以上的份额。可以说，没有物联网就没有大数据。物联网的数据大部分是非结构化数据和半结构化数据。采集的方式通常有两种，一种是报文，另一种是文件。在采集物联网数据的时候往往需要制定一个采集的策略，重点包括采集的频率(时间)和采集的维度(参数)两方面。

　　Web 系统是另一个重要的数据采集渠道。随着 Web2.0 的发展，整个 Web 系统中包含大量有价值的数据，而且这些数据与物联网的数据不同，Web 系统的数据往往是结构化数据，数据的价值密度比较高，所以通常科技公司都非常注重 Web 系统的数据采集过程。目前针对 Web 系统的数据采集通常由网络爬虫来实现，可以通过 Python 或者 Java 语言来完成爬虫的编写，在爬虫上增加一些智能化的操作后，爬虫可以模拟人工自动而高效地完成一些数据爬取过程。

　　传统信息系统、也是大数据的一个数据来源。虽然传统信息系统的数据占比较小，但是由于传统信息系统的数据结构清晰，同时具有较高的可靠性，所以传统信息系统的数据往往也是价值密度最高的。传统信息系统的数据采集往往与业务流程关联紧密，未来行业大数据的价值将随着产业互联网的发展进一步得到体现。

　　在新一代数据分类体系中，将传统数据体系中没有考虑过的新数据源进行归纳与分类，可将其分为线上数据与线下数据两大类。线上数据也称为热数据或流动数据，包括页面数据、交互数据、表单数据、会话数据等。线下数据也称冷数据或静态数据，包括应用日志、电子文档、机器数据、语音数据、社交媒体数据等。

不同数据源中产生的不同类型的数据有各自的特点。在数据采集过程中没有可以以一概全的、通用的采集模式或方法，必须根据应用问题的需要确定采集对象，采用相应的数据采集技术，以获取适合的数据资源。

## 2.1.2　大数据采集技术

### 1. 数据采集分类

传统的数据采集(Data AcQuisition，DAQ)又称数据获取，是指从传感器和其他待测设备等模拟和数字的被测单元中自动采集信息的过程。

(1) 按采集频率分，可分为静态数据采集、低频数据采集和高频数据采集。

(2) 按采集结构分，可分为结构化数据采集、半结构化数据采集和非结构化数据采集。

(3) 按采集方式分，可分为定时采集和实时采集。

传统数据采集来源单一，而且存储、管理和分析数据量也相对较小，大多采用关系型数据库和并行数据仓库即可处理。传统的并行数据库技术追求高度一致性和容错性，根据CAP 理论(详见 3.6.2 节)难以保证其可用性和扩展性。

大数据的数据来源广泛，数据量巨大，数据类型丰富，包括结构化、半结构化和非结构化三种类型，多采用分布式数据库技术存储与处理。不同结构类型数据的适用技术对比如表 2-1 所示。

表 2-1　结构化、半结构化与非结构化数据对比

| 类　型 | 含　义 | 本　质 | 举　例 | 技　术 |
|---|---|---|---|---|
| 结构化数据 | 直接可以用传统关系数据库存储和管理的数据 | 先有结构，后有管理 | 数字、符号、表格 | SQL |
| 半结构化数据 | 经过转换用传统关系数据库存储和管理的数据 | 先有数据，后有结构 | HTML、XML | RDF、OWL |
| 非结构化数据 | 无法用传统关系数据库存储和管理的数据 | 难以发现统一的结构 | 语音、图像、文本 | NoSQL、NewSQL、云技术 |

### 2. 常用的大数据采集方法

(1) 系统日志采集方法。很多互联网企业都有自己的海量数据采集工具，多用于系统日志采集，如 Hadoop 的 Flume、Kafka、Sqoop 等。这些工具均采用分布式架构，能满足每秒数百兆字节的日志数据采集和传输需求。

(2) 网络数据采集方法。网络数据采集是指通过网络爬虫或网站公开 API 等方式从网站上获取数据信息。该方法可以将非结构化数据从网页中抽取出来，将其存储为统一的本地数据文件，并以结构化的方式存储。此方法支持图片、音频、视频等文件或附件的采集，附件与正文可以自动关联。

除了网络中包含的内容之外，对于网络流量的采集可以使用 DPI 或 DFI 等带宽管理技术进行处理。

(3) 数据库采集系统。企业不断产生的业务数据会直接写入数据库，通过数据库采集

系统可直接与企业业务后台服务器结合，能根据分析需求采集数据并进行针对性的分析。对于企业生产经营数据或学科研究数据等保密性要求较高的数据，可以通过与企业或研究机构合作，使用特定系统接口等相关方式采集数据。

## 2.2  大数据采集工具

### 2.2.1  网络爬虫

#### 1. 爬虫简介

随着网络的迅速发展，万维网成为大量信息的载体，如何有效地提升并利用这些信息成为一个巨大的挑战。传统的搜索引擎(如百度、Yahoo 和 Google 等)存在一定的局限性，主要问题如下：

(1) 不同领域、不同背景的用户往往有不同的检索目的和需求，通用搜索引擎所返回的结果包含大量用户不关心的网页。

(2) 通用搜索引擎的目标是实现尽可能大的网络覆盖率，有限的搜索引擎服务器资源与无限的网络数据资源之间的矛盾将进一步加深。

(3) 随着万维网数据形式的丰富和网络技术的不断发展，图片、数据库、音频、视频等多媒体数据大量出现，通用搜索引擎往往不能方便用户很好地发现和获取这些信息含量密集且无结构的数据。

(4) 通用搜索引擎大多提供基于关键字的检索，难以支持根据语义信息提供的查询请求。

为了解决上述问题，定向抓取相关网页资源的爬虫技术应运而生。网络爬虫是一个自动下载网页资源的程序，根据既定的抓取目标有选择地访问万维网上与目标相关的网页链接，从而获取所需要的网页信息。与搜索引擎不同，爬虫并不过于追求大的覆盖，而是将目标定位为抓取与某一个特定主体内容相关的网页，进而为面向主题的用户查询准备数据资源。

#### 2. 网络爬虫的组成

通用网络爬虫框架主要由五部分组成，分别是调度器、URL 管理器、网页下载器、网页解析器和应用程序(爬取的有价值数据)。

(1) 调度器：相当于一台计算机的 CPU，主要负责调度 URL 管理器、网页下载器与网页解析器之间的协调工作。

(2) URL 管理器：包括待抓取的 URL 地址和已爬取的 URL 地址，防止重复抓取 URL 和循环抓取 URL。实现 URL 管理器主要用三种方式，即通过内存、数据库和缓存数据库来实现。

(3) 网页下载器：通过传入一个 URL 地址来下载网页，将网页转换成一个字符串。网页下载器有 urllib2(Python 官方基础模块)，包括登录、代理、Cookie 和 Requests(第三方包)。

(4) 网页解析器：将一个网页字符串进行解析，可以按照要求来提取有用的信息，也可以根据 DOM 树的解析方式来解析。网页解析器有正则表达式(直观，将网页转成字符串通过模糊匹配的方式来提取有价值的信息，当文档比较复杂时该方法在提取数据的过程中就会非常困难)、html.parser(Python 自带的)、BeatifulSoup(第三方插件，可以使用 Python 自带的 html.parser 进行解析，也可以使用 lxml 进行解析，相对于其他几种方式来说要强大一些)、lxml(第三方插件，可以解析 xml 和 HTML)，html.parser、BeatifulSoup 及 lxml 都是以 DOM 树的方式进行解析的。

通用爬虫框架的工作流程如图 2-1 所示。

步骤 1：确定种子 URL，并存入待抓取的 URL 列表。

步骤 2：从待抓取的 URL 列表中随机提取一个 URL，发送到 URL 下载器。

步骤 3：URL 下载器开始下载页面。如果下载成功，则将页面发送给 URL 解析器，同时把 URL 存入已抓取的 URL 列表；如果下载失败，则将 URL 重新存入待抓取的 URL 列表，重复上述步骤 2。

步骤 4：URL 解析器开始解析页面，将获得的新的 URL 存入待抓取的 URL 列表，同时将需要的、有价值的数据存入数据库。

步骤 5：重复步骤 2 至步骤 4，直到待抓取的 URL 列表为空。

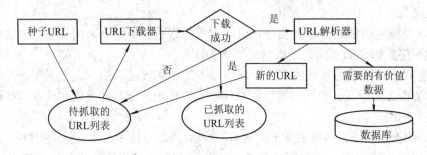

图 2-1　通用爬虫框架

### 2. Python 网络爬虫示例

1) 认识网页结构

网页一般由三部分组成，分别是 HTML(超文本标记语言)、CSS(层叠样式表)和 JScript(活动脚本语言)。

(1) HTML 记录整个网页的结构，相当于整个网站的框架。带"<""\>"符号的都属于 HTML 的标签，并且标签都是成对出现的。常见的标签如表 2-2 所示。

表 2-2　HTML 标签

| 标　签　名 | 功　　能 |
| --- | --- |
| &lt;html&gt;..&lt;/html&gt; | 表示标记中间的元素是网页 |
| &lt;body&gt;..&lt;/body&gt; | 表示用户可见的内容 |
| &lt;div&gt;..&lt;/div&gt; | 表示框架 |
| &lt;p&gt;..&lt;/p&gt; | 表示段落 |
| &lt;li&gt;..&lt;/li&gt; | 表示列表 |
| &lt;img&gt;..&lt;/img&gt; | 表示图片 |
| &lt;h1&gt;..&lt;/h1&gt; | 表示标题 |
| &lt;a href=＂＂&gt;..&lt;/a&gt; | 表示超链接 |

(2) CSS 表示样式如<style type=" text/css " >表示下面引用一个 CSS，在 CSS 中定义了外观。

(3) JScript 表示。交互的内容和各种特效都在 JScript 中，JScript 描述了网站中的各种功能。

2) 一个简单的 HTML 示例

在文本编辑器(如记事本)中输入如图 2-2 所示的内容，保存为 crawel.html。

```
<html>
    <head>
        <title>数据采集与预处理</title>
    </head>
    <body>
        <div>
            <p>Python 爬虫示例</p>
        </div>
        <div>
            <ul>
                <li><ahref="http://c.biancheng.net">爬虫</a></li>
                <li>数据预处理</li>
            </ul>
        </div>
    </body>
</html>
```

图 2-2  HTML 示例

运行该文件后的效果如图 2-3 所示。

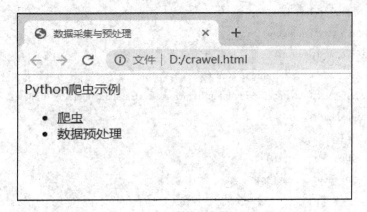

图 2-3  网页示例

3) Python 爬虫代码分析

Python 是近年来很受欢迎的计算机程序语言，其语法简洁、扩展性强。用 Python 实现网络爬虫主要通过以下过程和技术来实现。

1) 获取网页

基础技术：request、urllib、selenium。

进阶技术：多进程多线程抓取、登录抓取、突破 IP 封禁和服务器抓取。

2) 解析网页

基础技术：re 正则表达式、BeatifulSoup、lxml。

进阶技术：解决中文乱码。

3) 存储数据

基础技术：存入 txt 文本、存入 csv 文本。

进阶技术：存入 MySQL 数据库、存入 MongoDB 数据库。

限于篇幅，这里仅给出爬取中国旅游网(见图 2-4)上部分信息的简单代码，如图 2-5 所示。如需了解网络爬虫的详细技术，可进一步阅读相关参考书籍。

图 2-4　中国旅游网

```
Import requests  # requests 是 Python 实现的简单易用的 HTTP 库
from bs4 import BeautifulSoup
url = 'http://www.cntour.cn/'
strhtml = requests.get(url)            #Get 方式获取网页数据
soup=BeautifulSoup(strhtml.text,'lxml')
data = soup.select('#main>div>div.mtop.firstMod.clearfix>div.centerBox>ul.newsList>li>a')
for item in data:
    result={
        'title':item.get_text(),
        'link':item.get('href')
    }
print(result)
```

图 2-5　Python 网络爬虫检查代码

运行后获取网页中部分信息，如图 2-6 所示。

```
C:\Anaconda3\python.exe F:/00_MyExp/crawel1.py
{'title': '[合力推进旅游景区高质量]', 'link': 'http://www.cntour.cn/news/7642/'}

Process finished with exit code 0
```

图 2-6　简单爬虫运行结果

最后特别要强调的是，通过网络爬虫获取网络数据时一定要遵守法律和法规的要求。

## 2.2.2　其他数据采集工具

### 1. Flume

Flume 是 Apache 旗下的一款开源的、高可用的、高可靠的、分布式的海量日志的采集、聚合和传输的系统。Flume 支持在日志系统中定制各类数据发送方，用于收集数据；同时，Flume 提供对数据进行简单处理，并写到各种数据接收方(可定制)的能力。

Flume 以 event 为基本数据单位，以 Agent 为最小的独立运行单位。每个 Agent 由 Source、Channel 和 Sink 三个组件组成。

(1) Source 为进口，可以是某个日志目录或日志文件。从数据发生器接收数据，并将接收的数据以 Flume 的 event 格式传递给一个或者多个 Channel。

(2) Channel 是一种短暂的存储容器。它将从 Source 处接收到的 event 格式的数据缓存起来，直到它们被 Sink 消费掉。Channel 在 Source 和 Sink 间起着桥梁的作用。Channel 是一个完整的事务，这一点保证了数据在收发时的一致性。它可以与任意数量的 Source 和 Sink 连接，所支持的类型有 JDBC Channel、File System Channel 及 Memory Channel 等。

(3) Sink 将数据存储到集中存储器(比如 HBase 和 HDFS)，它从 Channel 中消费 event 格式的数据，并将其传递给目标地，目标地可能是另一个 Sink，也可能是 HDFS 或 HBase。

Flume 的结构如图 2-7 所示。

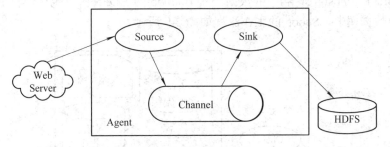

图 2-7　Flume 结构

从图 2-7 中可知，使用 Flume 所要做的是配置好相关的参数，定义好源头(数据源)和储水池(文件系统)，将一节节水管(Agent)连接起来，保证水的源头产生水源(日志文件)，经过水管，流进储水池(如 HDFS)即可。

### 2. Kafka

Kafka 是 Apache 软件基金会旗下的一个开源流处理平台，由 Scala 和 Java 编写，是一种高吞吐量的分布式发布订阅消息系统，具有水平扩展、高可用、速度快的特性，现今已经运行在数千家公司的生产环境中。

Kafka 可以处理消费者在网站中的所有动作流数据，涵盖了网页浏览、搜索和其他用户的行动等，是完成网络上许多社会功能的必然行为。这些行为数据通常因为吞吐量的要求而需通过处理日志和日志聚合来解决。

例如，在 Hadoop 平台存在日志数据和离线分析系统，同时又要求在实时处理的情况下使用 Kafka，就是一个可行的解决方案。通过 Kafka 的并行加载机制，Hadoop 平台上统一了线上和离线的消息处理，实现了通过集群来提供实时的消息。

Kakfa 的结构如图 2-8 所示。

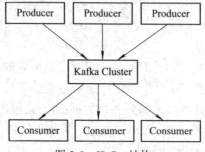

图 2-8　Kafka 结构

使用 Kafka 时需关注三个概念：Producer、Topic 和 Consumer。Producer(生产者)相当于微博中的博主，他们生产的内容(消息)和 Topic(话题)就相当于微博中的某个话题，Consumer(消费者)相当于用户。其使用过程为，Consumer 订阅某个 Topic，如果有博主(Producer)发布了对应的话题内容就保存起来。当 Consumer 空闲时就去查看相应的内容(即处理消费相应的数据内容)，这样就解决了生产者产生内容的速度和消费者处理数据的速度不同步的问题。

### 3. Sqoop

Sqoop 是 Apache 软件基金会旗下的一款开源工具，主要用于在 Hadoop(Hive)与传统的数据库(MySQL、Postgres 等)之间进行数据的传递。它可以将一个关系型数据库(如 MySQL、Oracle、Postgres 等)中的数据导入 Hadoop 的 HDFS 中，也可以将 HDFS 的数据导入关系型数据库中。Sqoop 的工作流程如图 2-9 所示。

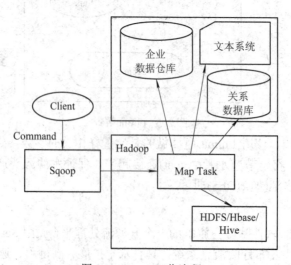

图 2-9　Sqoop 工作流程

# 2.3　数　据　准　备

数据采集阶段可以根据大数据应用的需求采集大量的数据，但是现实世界的数据很多是"脏"数据，即存在不完整(如缺少属性值或仅仅包含聚集数据)、含噪声(包含错误或存在偏离期望的离群值等错误数据)、不一致(如不同采集源得到的数据可能存在量纲不同、属性含义不同等)等问题。而我们在使用数据过程中对数据有一致性、准确性、完整性、时效性、可信性、可解释性等要求。如何将这些"脏"数据有效地转换成高质量的专家数据，就涉及数据准备(Data Preparation)工作。有统计表明，在一个完整的大数据分析与数据挖掘过程中，数据准备工作要花费 60%～70% 的时间。

在数据准备阶段采用的技术可分为数据清洗、数据集成、数据转换和数据规约四部分，如图 2-10 所示。

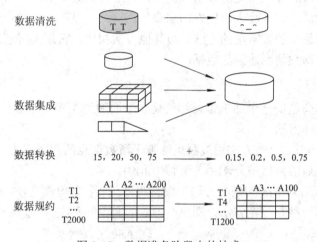

图 2-10　数据准备阶段中的技术

需要注意的是，没有一个统一的数据准备过程或单一的技术能够用于多样化的数据集。在处理具体问题时一定要考虑数据集的特性、需要解决的问题、性能需求和其他因素等选择合适的数据准备方案。只有这样才能够提高工作效率，并达到后续数据处理的要求。

## 2.3.1　数据清洗

数据清洗(Data Cleaning)过程包括遗漏数据、噪声数据及不一致数据的处理。

### 1. 遗漏数据处理

假设在分析一个商场销售数据时，发现有多个记录中的属性值为空(如顾客的收入属性)，则对于空的属性值，可以采用以下方法进行遗漏数据处理。

(1) 忽略该条记录。若一条记录中有属性值被遗漏了，则将此条记录排除，尤其是没有类别属性值而又要进行分类数据挖掘时。当然，这种方法并不十分有效，尤其是在某个属性的遗漏值的记录比例相对较大时。

(2) 手工填补遗漏值。一般这种方法比较耗时，而且对于存在许多遗漏情况的大规模数据集而言，显然可行性较差。

(3) 利用默认值填补遗漏值。对一个属性的所有遗漏的值均利用一个事先确定好的值来填补，如都用"OK"来填补。但当一个属性的遗漏值较多时，若采用这种方法，就可能误导挖掘进程。因此，这种方法虽然简单，但并不推荐使用，或使用时需要仔细分析填补后的情况，尽量避免对最终挖掘结果产生较大误差。

(4) 利用均值填补遗漏值。计算一个属性值的平均值，并用此值填补该属性所有遗漏的值。例如，若顾客的平均收入为 10 000 元，则可用此值填补"顾客收入"属性中所有被遗漏的值。

(5) 利用同类别均值填补遗漏值。这种方法尤其适合在进行分类挖掘时使用。例如，要对商场顾客按信用风险进行分类挖掘时，就可以用在同一信用风险类别(如良好)下的"顾客收入"属性的平均值，来填补所有在同一信用风险类别下"顾客收入"属性的遗漏值。

(6) 利用最可能的值填补遗漏值。可以利用回归分析、贝叶斯计算公式或决策树推断出该条记录特定属性的最大可能的取值。例如，利用数据集中其他顾客的属性值，可以构造一个决策树来预测"顾客收入"属性的遗漏值。

最后一种方法是一种较常用的方法。与其他方法相比，它最大限度地利用了当前数据所包含的信息来帮助预测所遗漏的数据。

### 2. 噪声数据处理

噪声是指被测变量的一个随机错误和变化。下面通过给定一个数值型属性(如价格)来说明平滑去噪的具体方法。

(1) 分箱划分方法。分箱方法通过利用应被平滑数据点的周围点(近邻)，对一组排序数据进行平滑。排序后的数据被分配到若干箱(Bin)中。

如图 2-11 所示，对 Bin 的划分方法一般有两种。一种是等高方法，即每个 Bin 中的元素的个数相等；另一种是等宽方法，即每个 Bin 的取值间距(左右边界之差)相同。

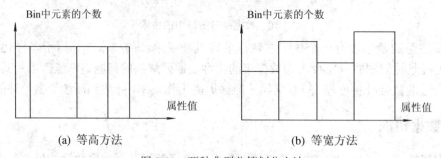

图 2-11　两种典型分箱划分方法

图 2-12 描述了分箱方法。首先，对价格数据进行排序；然后，将其划分为若干等高度的 Bin，即每个 Bin 包含 3 个数值；最后，既可以利用每个 Bin 的均值进行平滑，也可以利用每个 Bin 的边界进行平滑。

利用均值进行平滑时，第一个 Bin 中 4、8、15 均用该 Bin 的均值替换；利用边界进行平滑时，对于给定的 Bin，其最大值与最小值就构成了该 Bin 的边界，利用每个 Bin 的边界值(最大值或最小值)可替换该 Bin 中的所有值。一般来说，某个 Bin 的宽度越宽，其平滑效果越明显。

- 排序后价格：4, 8, 15, 21, 21, 24, 25, 28, 34

- 划分为等高度Bin：
  —Bin1：4, 8, 15
  —Bin2：21, 21, 24
  —Bin3：25, 28, 34

- 根据Bin均值进行平滑：
  —Bin1：9, 9, 9
  —Bin2：22, 22, 22
  —Bin3：29, 29, 29

- 根据Bin边界进行平滑：
  —Bin1：4, 4, 15
  —Bin2：21, 21, 24
  —Bin3：25, 25, 34

图 2-12　分箱方法示例

(2) 聚类分析方法。通过聚类分析方法可帮助发现异常数据。相似或相邻近的数据聚合在一起形成了各个聚类集合，而那些位于这些聚类集合之外的数据对象，自然而然就被认为是异常数据，如图 2-13 所示。聚类分析方法的具体内容将在后续大数据分析中做详细介绍。

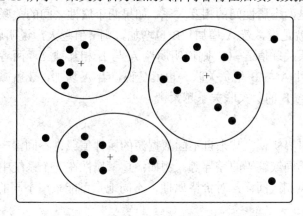

图 2-13　基于聚类分析方法的异常数据监测

(3) 人机结合检查方法。通过人机结合检查方法，可以帮助发现异常数据。例如，利用基于信息论的方法可帮助识别手写符号库中的异常模式，所识别出的异常模式可输出到一个列表中，然后由人对这一列表中的各种异常模式进行检查，并最终确认无用的模式(即真正异常的模式)。这种人机结合的检查方法比手工方法的手写符号库检查效率要高许多。

(4) 回归方法。可以利用拟合函数对数据进行平滑。例如，借助线性回归方法(包括多变量回归方法)，就可以获得多个变量之间的拟合关系，从而达到利用一个(或一组)变量值来预测另一个变量取值的目的。利用回归分析方法所获得的拟合函数，能够帮助平滑数据及除去其中的噪声。

### 3. 不一致数据处理

现实世界的数据库常出现数据记录内容不一致的问题，其中的一些数据可以利用它们与外部的关联，进而手工解决这种问题。例如，数据录入错误一般可以通过与原稿进行对比来加以纠正。此外，还有一些方法可以帮助纠正使用编码时所发生的不一致问题。知识工程工具也可以帮助发现违反数据约束条件的情况。由于同一属性在不同数据库中的取名不规范，常常使得在进行数据集成时导致不一致情况的发生。

### 2.3.2　数据集成

数据集成(Data Integration)是将来自多个数据源(如数据库、数据立方、普通文件等)的数据，结合在一起并形成一个统一的数据集合，以便为数据处理工作的顺利完成提供完整的数据基础。

#### 1. 模式匹配

整合不同数据源中的元数据。实体识别问题在于匹配来自不同数据源的现实世界的实体，比如：A.cust-id=B.customer_no。

#### 2. 数据冗余

同一属性在不同的数据库中会有不同的字段名。一个属性可以由另外一个表导出。例如：一个顾客数据表中的平均月收入属性，可以根据月收入属性计算出来。

有些冗余可以被相关分析检测到。例如，如果给定两个属性 A 和 B，则根据这两个属性的数值可分析出这两个属性间的相互关系。如果两个属性之间的关联值 $r > 0$，则说明 A 与 B 呈正关联。也就是说，若 A 增加，B 也增加，则 $r$ 值越大，说明属性 A 与 B 的正关联关系越紧密。如果关联值 $r = 0$，则说明属性 A 与 B 相互独立，两者之间没有关系。如果 $r < 0$，则说明属性 A 与 B 呈负关联。也就是说，若 A 增加，B 就减少，则 $r$ 的绝对值越大，说明属性 A 与 B 的负关联关系越紧密。

#### 3. 数据值冲突

对于一个现实世界实体，其来自不同数据源的属性值或许不同，产生的原因在于表示的差异、比例尺度不同或编码的差异等。例如：重量属性在一个系统中采用公制，而在另一个系统中却采用英制；同样，对价格属性，不同地点可能采用不同的货币单位。

### 2.3.3　数据变换

数据转换(Data Transformation)就是将数据进行转换或归并，从而构成一个适合数据处理的描述形式。数据转换包含以下处理内容：

(1) 平滑处理：帮助除去数据中的噪声，主要技术方法有分箱方法、聚类方法和回归方法。

(2) 合计处理：对数据进行总结或合计操作。例如，每天的数据经过合计操作可以获得每月或每年的总额。这一操作常用于构造数据立方或对数据进行多粒度的分析。

(3) 数据泛化处理：用更抽象(更高层次)的概念来取代低层次或数据层的数据对象。例如：街道属性可以泛化到更高层次的概念，如城市、国家；数值型的属性，如年龄属性，可以映射到更高层次的概念，如年轻、中年和老年。

(4) 规格化处理：将有关属性数据按比例投射到特定的小范围之中。例如，将工资收入属性值映射到 0～1 的范围。

(5) 属性构造处理：根据已有属性集构造新的属性。

下面将着重介绍规格化处理和属性构造处理。

**1. 规格化处理**

规格化处理就是将一个属性取值范围投射到一个特定范围之内，以消除数值型属性因大小不一而造成挖掘结果的偏差，常常用于神经网络、基于距离计算的最近邻分类和聚类挖掘的数据预处理。

对于神经网络，采用规格化后的数据不仅有助于确保学习结果的正确性，而且也会帮助提高学习的效率；对于基于距离计算的挖掘，规格化方法可以帮助消除因属性取值范围不同而影响挖掘结果的公正性。

下面介绍常用的三种规格化方法。

(1) 最大最小规格化方法：对初始数据进行一种线性转换，转换后的新值记作 $V_{new}$，其计算公式为

$$V_{new} = \frac{待转换属性值 - 属性最小值}{属性最大值 - 属性最小值} \times (映射区间最大值 - 映射区间最小值) + 映射区间最小值$$

例如，假设属性的最大值和最小值分别是 98000 元和 12000 元，利用最大最小规格化方法将"顾客收入"属性的值映射到 0～1 的范围，则"顾客收入"属性的值为 73 600 元时对应的转换结果如下：

$$V_{new} = \frac{73600 - 12000}{98000 - 12000} \times (1.0 - 0.0) + 0.0 = 0.716$$

(2) 零均值规格化方法：根据一个属性的均值和方差来对该属性的值进行规格化。转换后的新值记作 $V_{new}$，其计算公式为

$$V_{new} = \frac{待转换属性值 - 属性平均值}{属性方差}$$

例如，假设属性"顾客收入"的均值和方差分别为 54000 元和 16000 元，则"顾客收入"属性的值为 73600 元时对应的转换结果如下：

$$V_{new} = \frac{73600 - 54000}{16000} = 1.225$$

(3) 十基数变换规格化方法：通过移动属性值的小数位置来达到规格化的目的，所移动的小数位数取决于属性绝对值的最大值。转换后的新值记作 $V_{new}$，其计算公式为

$$V_{new} = \frac{待转换属性值}{10^j}$$

其中，$j$ 为能够使该属性绝对值的最大值小于 1 的最小整数值。例如，假设属性的取值范围是 −986～917，则该属性绝对值的最大值为 986。属性的值为 435 时，对应的转换结果为

$$V_{new} = \frac{435}{10^3} = 0.435$$

**2. 属性构造方法**

属性构造方法可以利用已有属性集构造出新的属性，并将其加入现有属性集合中以挖

掘更深层次的模式知识，达到提高挖掘结果准确性的目的。例如，根据宽、高属性，可以构造一个新属性(面积)。构造合适的属性能够减少学习构造决策树时出现的碎块情况。此外，属性结合可以帮助发现所遗漏的属性间的相互联系，而这在数据挖掘过程中是十分重要的。

### 2.3.4　数据规约

数据规约(Data Reduction)的主要目的就是从原有的巨大数据集中获得一个精简的数据集，并使这一数据集保持原有数据集的完整性，从而在精简数据集上进行数据挖掘就会提高效率，并且能够保证挖掘出来的结果与使用原有数据集所获得的结果基本相同。数据规约的主要方法如表 2-3 所示。

表 2-3　数据规约的主要方法

| 名　称 | 说　明 |
| --- | --- |
| 数据立方合计 | 主要用于构造数据立方(如数据仓库操作) |
| 维数消减 | 主要用于检测和消除无关、弱相关或冗余的属性或维(如数据仓库中的属性) |
| 数据压缩 | 利用编码技术压缩数据集的大小 |
| 数据块消减 | 利用更为简单的数据表达形式，如参数模型、非参数模型(聚类、采样、直方图等)，来取代原有的数据 |
| 离散化与概念层次生成 | 所谓离散化就是利用取值范围或更高层次概念来替换初始数据，利用概念层次可以帮助挖掘不同抽象层次的模式知识 |

#### 1. 数据立方合计

图 2-14 展示了在三个维度上对某公司原始销售数据进行合计所获得的数据立方。它从时间(年代)、公司分支及商品类型三个角度(维)描述了相应(时空)的销售额(对应一个小立方块)。

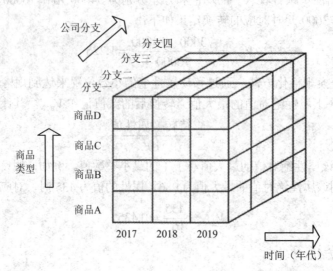

图 2-14　数据立方合计描述

每个属性都可对应一个概念层次树,以帮助进行多抽象层次的数据分析。例如,一个分支属性的概念层次树,可以提升到更高一层的区域概念,这样就可以将多个同一区域的分支合并到一起。

在最低抽象层次所建立的数据立方称为基本方,而最高抽象层次对应的数据立方称为顶立方。顶立方代表整个公司三年中所有分支、所有类型商品的销售总额。显然每一层次的数据立方都是对低一层数据的进一步抽象,因此它也是一种有效的数据消减。

### 2. 维数消减

数据集可能包含成百上千的属性,而这些属性中的许多属性是与挖掘任务无关的或冗余的。例如,挖掘顾客是否会在商场购买电视机的分类规则时,顾客的电话号码很可能与挖掘任务无关。但如果利用人类专家来帮助挑选有用的属性,则很困难且费时费力,特别是当数据内涵并不十分清楚的时候。无论是漏掉相关属性,还是选择了无关属性参加数据挖掘工作,都将严重影响数据挖掘最终结果的正确性和有效性。此外,多余或无关的属性也将影响数据挖掘的挖掘效率。

维数消减就是通过消除多余和无关的属性而有效消减数据集的规模。这里通常采用属性子集选择方法。属性子集选择方法的目标就是找出最小的属性子集,并确保新数据子集的概率分布尽可能接近原来数据集的概率分布,并利用筛选后的属性集进行数据挖掘。由于使用了较少的属性,从而使得用户更加容易理解挖掘结果。

如果数据有 $d$ 个属性,那么就会有 $2^d$ 个不同子集。从初始属性集中发现较好的属性子集的过程,就是一个最优穷尽搜索的过程。显然,随着属性个数的不断增加,搜索的难度也会大大增加,所以一般需要利用启发知识来帮助有效缩小搜索空间。这类启发式搜索方法通常都是基于可能获得全局最优的局部最优来指导,并帮助获得相应的属性子集的。

一般利用统计重要性的测试来帮助选择“最优”或“最差”属性。这里假设各属性之间都是相互独立的,构造属性子集的基本启发式搜索方法有以下几种。

#### 1) 逐步添加方法

该方法从一个空属性集(作为属性子集初始值)开始,每次从原有属性集合中选择一个当前最优的属性添加到当前属性子集中,直到无法选择出最优属性或满足一定阈值约束为止。

#### 2) 逐步消减方法

该方法从一个全属性集(作为属性子集初始值)开始,每次从当前属性子集中选择一个当前最差的属性并将其从当前属性子集中消去,直到无法选择出最差属性或满足一定阈值约束为止。

#### 3) 消减与添加结合方法

该方法将逐步添加方法与逐步消减方法结合在一起,每次从当前属性子集中选择一个当前最差的属性并将其从当前属性子集中消去,以及从原有属性集中选择一个当前最优的属性添加到当前属性子集中,直到无法选择出最优属性且无法选择出最差属性,或满足一定阈值约束为止。

### 4) 决策树归纳方法

通常用于分类的决策树算法也可以用于构造属性子集。具体方法就是，利用决策树的归纳方法对初始数据进行分类归纳学习，获得一个初始决策树。没有出现在这个决策树上的属性均认为是无关属性，将这些属性从初始属性集合中删除掉，就可以获得一个较优的属性子集。

### 3. 数据压缩

数据压缩就是利用数据编码或数据转换将原来的数据集合压缩为一个较小规模的数据集合。若仅根据压缩后的数据集就可以恢复原来的数据集，那么就认为这一压缩是无损的，否则称为有损的。在数据挖掘领域通常使用的两种数据压缩方法均是有损的，它们是离散小波变换(Discrete Wavelet Transforms)和主成分分析(Principal Components Analysis)。

#### 1) 离散小波变换

离散小波变换是一种线性信号处理技术，该方法可以将一个数据向量转换为另一个数据向量(为小波相关系数)，且两个向量具有相同长度。通常，可以舍弃后者中的一些小波相关系数。例如，保留所有大于用户指定阈值的小波系数，而将其他小波系数设置为 0，以帮助提高数据处理的运算效率。

这一方法可以在保留数据主要特征的情况下除去数据中的噪声，因此该方法可以有效地进行数据清洗。此外，在给定一组小波相关系数的情况下，利用离散小波变换的逆运算还可以近似恢复原来的数据。

#### 2) 主成分分析

主成分分析是一种进行数据压缩常用的方法。假设需要压缩的数据由 $N$ 个数据行(向量)组成，共有 $k$ 个维度(属性或特征)。该方法是从 $k$ 个维度中寻找出 $c$ 个共轭向量($c \ll N$)，从而实现对初始数据的有效数据压缩的。

主成分分析方法的主要处理步骤如下：

(1) 对输入数据进行规格化，以确保各属性的数据取值均落入相同的数值范围。

(2) 根据已规格化的数据计算 $c$ 个共轭向量，这 $c$ 个共轭向量就是主要素，而所输入的数据均可以表示为这 $c$ 个共轭向量的线性组合。

(3) 对 $c$ 个共轭向量按其重要性(即计算所得变化量)进行递减排序。

(4) 根据所给定的用户阈值，消去重要性较低的共轭向量，以便最终获得消减后的数据集合。此外，利用最主要的主要素也可以更好地近似恢复原来的数据。

主成分分析方法的计算量不大，可用于取值有序或无序的属性，同时也能处理稀疏或异常数据。此外，该方法还可以将多于两维的数据通过处理降为两维数据。与离散小波变换方法相比，主成分分析方法能较好地处理稀疏数据，而离散小波变换则更适合对高维数据进行处理变换。

### 4. 数据块消减

数据块消减主要包括参数与非参数两种基本方法。所谓参数方法就是利用一个模型来帮助获得原来的数据，因此只需要存储模型的参数即可(当然异常数据也需要存储)。例如，线性回归模型就可以根据一组变量预测计算另一个变量。而非参数方法则是存储利用直方图、聚类或取样而获得的消减后数据集。下面介绍几种主要的数据块消减方法。

1) 回归与线性对数模型

回归与线性对数模型可用于拟合所给定的数据集。线性回归方法是利用一条直线模型对数据进行拟合的,可以是基于一个自变量的,也可以是基于多个自变量的。线性对数模型则是拟合多维离散概率分布的。如果给定 $n$ 维(如用 $n$ 个属性描述)元组的集合,则可以把每个元组看作 $n$ 维空间的点。

对于离散属性集,可以使用线性对数模型,基于维组合的一个较小子集来估计多维空间中每个点的概率,从而使得高维数据空间可以由较低维空间构造。因此,线性对数模型也可以用于维规约和数据光滑。

回归与线性对数模型均可用于稀疏数据及异常数据的处理,但是回归模型对异常数据的处理结果要好许多。应用回归方法处理高维数据时计算复杂度较大,而线性对数模型则具有较好的可扩展性。

2) 直方图

直方图是利用 Bin 方法对数据分布情况进行分析的,它是一种常用的数据消减方法。属性 A 的直方图就是根据属性 A 的数据分布将其划分为若干不相交的子集(桶)的。这些子集沿水平轴显示,其高度(或面积)与该桶所代表的数值平均(出现)频率成正比。若每个桶仅代表一对属性值/频率,则这个桶就称为单桶。通常一个桶代表某个属性的一段连续值。

例如:以下是一个商场所销售商品的价格清单(按递增顺序排列,括号中的数表示前面数字出现的次数),即 1(2)、5(5)、8(2)、10(4)、12(1)、14(3)、15(6)、18(9)、20(8)、22(5)、24(2)、26(3)。

上述数据所形成的属性值/频率对的直方图如图 2-15 所示。

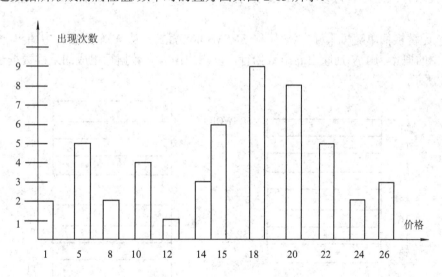

图 2-15　属性值/频率对直方图

构造直方图所涉及的数据集划分方法有以下几种:

(1) 等宽方法:在一个等宽的直方图中每个桶的宽度(范围)是相同的(如图 2-15 所示的每个桶均覆盖 1 个单位的价格变化)。

(2) 等高方法：在一个等高的直方图中每个桶中的数据个数是相同的。

(3) V-Optimal 方法：若对指定桶个数的所有可能直方图进行考虑，则该方法所获得的直方图是这些直方图中变化最小的，即具有最小方差的直方图。直方图方差是指每个桶所代表数值的加权之和，其权值为相应桶中数值的个数。

(4) MaxDiff 方法：以相邻数值(对)之差为基础，一个桶的边界则是由包含有 $\beta - 1$ 个最大差距的数值对所确定的，其中 $\beta$ 为用户指定的阈值。

在上述四种方法中 V-Optimal 方法和 MaxDiff 方法比其他方法更加准确和实用。直方图在拟合稀疏和异常数据时具有较高的效能，也可以用于处理多维(属性)数据，而多维直方图能够描述属性间的相互关系。

3) 聚类

聚类技术将数据行视为对象。聚类分析所获得的组或类具有以下性质：同一组或类中的对象彼此相似，而不同组或类中的对象彼此不相似。

相似性通常利用多维空间中的距离来表示。一个组或类的"质量"可以用其所含对象间的最大距离(称为半径)来衡量，也可以用中心距离(即组或类中各对象与中心点距离的平均值)来作为组或类的"质量"。

在数据消减中，数据的聚类表示可用于替换原来的数据。当然这一技术的有效性依赖于实际数据的内在规律。在处理带有较强噪声数据时采用数据聚类方法常常是非常有效的。

4) 采样

采样方法由于可以利用一小部分数据(子集)来代表一个大数据集，故而可以作为数据消减的技术方法之一。假设一个大数据集为 $D$，其中包括 $N$ 个数据行。主要的采样方法如下：

(1) 无替换简单随机采样方法(简称 SRSWOR 方法)：从 $N$ 个数据行中随机(每一数据行被选中的概率为 $1/N$)抽取出 $n$ 个数据行，以构成由 $n$ 个数据行组成的采样数据子集，如图 2-16 所示。

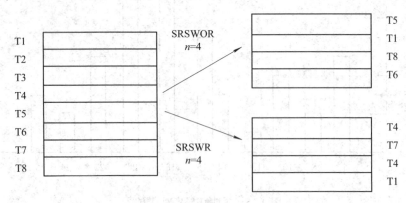

图 2-16  两种随机采样方法示意图

(2) 有替换简单随机采样方法(简称 SRSWR 方法)：从 $N$ 个数据行中每次随机抽取一个数据行，但该数据行被选中后仍将留在大数据集 $D$ 中，最后获得的由 $n$ 个数据行组成的采样数据子集中可能会出现相同的数据行，如图 2-16 所示。

（3）聚类采样方法：首先将大数据集 $D$ 划分为 $M$ 个不相交的类，然后分别从这 $M$ 个类的数据对象中进行随机抽取，这样就可以最终获得聚类采样数据子集。

（4）分层采样方法：首先将大数据集划分为若干不相交的层，然后分别从这些层中随机抽取数据对象，从而获得具有代表性的采样数据子集。例如，可以对一个顾客数据集按照年龄进行分层，然后在每个年龄组中进行随机选择，从而确保最终获得的分层采样数据子集中的年龄分布具有代表性，如图 2-17 所示。

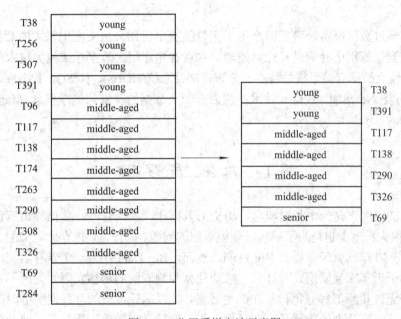

图 2-17　分层采样方法示意图

# 习　题

1. 大数据采集技术包括哪些？
2. 什么是 ETL？在 ETL 中哪一步是最耗费时间与精力的？
3. 数据准备中涉及哪些技术？在完成数据准备时这些技术是不是都必须采用？

# 参 考 文 献

[1]　大数据采集[EB/OL]. https://www.jianshu.com/p/e997d4e7668c.

[2]　爬虫框架[EB/OL]. https://www.jianshu.com/p/39b5fd18678c.

[3]　Python 网络爬虫[EB/OL]. http://c.biancheng.net/view/2011.html.

[4]　数据清洗[EB/OL]. https://blog.csdn.net/dsdaasaaa/article/details/93746830.

# 第3章 大数据存储与计算处理

大数据经过数据准备阶段后即产生了大量能满足后期分析及应用需求的数据，这些数据要持久化到计算机中并能进行计算处理。本章首先介绍大数据存储相关技术的概念与原理，包括传统大数据存储系统的特点、分布式文件系统(HDFS)、NoSQL 数据库、分布式数据库(HBase)及 NewSQL 数据库技术；然后介绍大数据的计算与处理概念 MapReduce 和 Spark 框架。

## 3.1 大数据存储

大数据的"大"是一个相对概念，历史上数据库、数据仓库、数据集市等信息管理领域的技术，很大程度上也是为了解决大规模数据的问题。被誉为数据仓库之父的 Bill Inmon，早在 20 世纪 90 年代就经常提及 Big Data。然而，Big Data 作为一个专有名词成为热点，主要应归功于近年来互联网、云计算、移动计算和物联网的迅猛发展。无所不在的移动设备、RFID、无线传感器每分每秒都在产生数据，数以亿计用户的互联网服务时时刻刻在产生巨量的交互，要处理的数据量实在是太大了，数据增长的速度太快了，而业务需求和竞争压力对数据处理的实时性、有效性又提出了更高要求。在这种情况下，传统的常规技术针对大数据存储要求，采取了一些新存储架构和方法，主要包括 DAS/NAS/SAN 存储结构。近年来，综合考虑存储设备的性能、成本等问题，基于大规模分布式计算(MPP)的 GFS/HDFS 分布式文件系统、各种 NoSQL 分布式存储方案等随之应运而生。

### 3.1.1 大数据如何存储

数据的海量化和快速增长是大数据对存储技术提出的首要挑战。以前数据被集中存储在一个大的磁盘阵列中，而现在需要将它们以分布式的方式存储在多台计算机上，使数据不仅仅被存储起来，还可以随时被使用。如前文所述，按照数据的结构不同，数据可以被分为结构化数据、非结构化数据和半结构化数据。下面重点讨论这三类数据如何被存储。

#### 1. 结构化数据存储

结构化数据通常是人们所熟悉的数据库中的数据，它本身就是一种对现实已发生事项的关键要素进行抽取的有价信息。现在各类企业和组织都有自己的管理信息系统，随着时间的推移，数据库中积累的结构化数据越来越多，一些问题被显现出来。这些问题可以分为四类：

(1) 历史数据和当前数据都存在一个数据库中，导致系统处理速度越来越慢；

(2) 历史数据与当前数据的期限如何界定；

(3) 历史数据应如何存储；

(4) 历史数据的二次增值如何解决。

其中，问题(1)和问题(2)可以一起处理。导致系统处理速度越来越慢的原因，除了传统的技术架构和当初建设系统的技术滞后于业务发展之外，最主要的是对于系统作用的定位问题。从过去 30 年管理信息系统发展的历史看，随着信息技术的发展和信息系统领域的不断细分，可将信息系统分为两类，一类是基于目前的数据生产管理信息系统，另一类是基于历史的数据应用管理信息系统。

数据生产管理信息系统：是管理一段时间内频繁变化数据的系统，这个"一段时间"可以根据数据增长速度而进行界定。比如，银行在当前生产系统中一般保留储户一年的存取款记录。数据应用管理信息系统：是将数据生产管理信息系统的数据作为处理对象，是数据生产管理信息系统各阶段数据累加存储的数据应用系统，用于对历史数据进行查询、统计、分析和挖掘。

问题(3)和问题(4)可以放在一起处理。由于历史数据量规模庞大、相对处于稳态，因此其存储和加工处理与数据生产管理信息系统的思路应有很大的不同。结构化数据存储是为了分析而存储，采用分布式方式，其目标有两个：一是在海量的数据库中快速查询历史数据，二是在海量的数据库中进行有价值信息的分析和挖掘。

分布式数据库系统是数据库技术和网络技术相结合的产物。它通常使用体积较小的计算机系统，每台计算机可单独放在一个地方。每台计算机中都有 DBMS(数据库管理系统)的一份完整的副本，并具有自己局部的数据库。位于不同地点的许多计算机通过网络互相连接，共同组成一个完整的、全局的大型数据库。

分布式数据库系统具有以下主要特点：

(1) 物理分布性。数据不是存储在一个场地上，而是存储在计算机网络的多个场地上。

(2) 逻辑整体性。数据物理分布在各个场地上，但逻辑上是一个整体，它们被所有的用户(全局用户)共享，并由一个主节点统一管理。

(3) 具有灵活的体系结构，适应分布式的管理和控制机构。

(4) 适当增加数据冗余度，系统的可靠性高、可用性好。

(5) 可扩展性好，易于集成现有的系统。

### 2. 非结构化数据存储

常见的非结构化数据包括文件、图片、视频、语音、邮件和聊天记录等，与结构化数据相比，这些数据是未被抽象出有价值信息的数据，需要经过二次加工才能得到有价值的信息。由于非结构化数据的生产不受格式约束、不受主题限制，人人随时都可以根据自己的视角和观点进行创作生产，因此数据量比结构化数据大。

因为非结构化数据具有形式多样、体量大、来源广、维度多、有价值内容密度低、分析意义大等特点，所以要为了分析而存储，而不是为了存储而存储，即存储是分析的前置工作。当前针对非结构化数据的特点，均采用分布式文件系统来存储这些数据。

　　分布式文件系统将数据存储在物理上分散的多个存储节点上，对这些节点的资源进行统一管理和分配，并向用户提供文件系统访问接口，主要解决本地文件系统在文件大小、文件数量、打开文件数等方面的限制问题。目前比较主流的分布式文件系统通常包括主控服务器(或称元数据服务器、名字服务器等，通常会配置备用主控服务器，以便在出故障时接管服务，也可以两个都为主模式)、多个数据服务器(或称存储服务器、存储节点等)以及多个客户端(客户端可以是各种应用服务器，也可以是终端用户)。

　　分布式文件系统的数据存储解决方案归根结底是将大问题划分为小问题。当大量的文件均分到多个数据库服务器上后，每个数据库服务器存储的文件数量就减少了。此外，还能将单个服务器上存储的文件数降到单机能解决的规模。对于很大的文件，可以将大文件划分成多个相对较小的片段，并存储在多个数据库服务器上。

### 3. 半结构化数据存储

　　半结构化数据是指数据中既有结构化数据，也有非结构化数据。比如，摄像头回转给后端的数据中有位置、时间等结构化数据，以及图片等非结构化数据。因为这些数据是以数据流的形式传递的，所以也称流数据。对流数据进行处理的系统称作数据流系统。

　　数据流的特点是数据不是永久存储在数据库中的静态数据，而是瞬时处理的、源源不断的连续数据流。在大量的数据流应用系统中，数据流来自于地理上不同位置的数据源，非常适合分布式查询处理。分布式处理是数据流管理系统发展的必然趋势，而查询处理技术是数据流处理的关键技术之一。在数据流应用系统中，系统运行环境和数据流本身的一些特征不断发生变化，因此，对分布式数据流自适应查询处理技术的研究就成为数据流查询处理技术研究的热门领域之一。

## 3.1.2　大数据存储问题

　　大数据存储对底层硬件架构和文件系统在性价比上的要求大大高于传统技术，同时要求能够弹性扩展存储容量。但以往网络附着存储(NAS)系统和存储区域网络(SAN)等体系，存储和计算的物理设备是分离的，它们之间要通过网络接口连接，这导致在进行数据密集型计算(Data Intensive Computing)时 I/O 容易成为瓶颈。同时，传统的单机文件系统(如 NTFS)和网络文件系统(如 NFS)要求一个文件系统的数据必须存储在一台物理机器上，且不提供备份，其冗余性、可扩展性、容错能力和并发读写能力难以满足大数据需求。

　　因此，对于大数据存储，以下问题不能忽视。

　　(1) 容量问题。要求数据容量通常可达 PB 级，因此，海量数据存储系统一定要有相应等级的扩展能力。同时，存储系统的扩展一定要简便，可以通过增加模块或磁盘组来增加容量，扩展时甚至不需要停机。

　　(2) 延迟问题。"大数据"应用存在实时性问题，特别是涉及网上交易或金融类相关的应用。为了应对这样的挑战，各种模式的固态存储设备应运而生，小到简单地在服务器内部做高速缓存，大到通过高性能闪存存储的全固态介质可扩展存储系统，以及自动、智能地对热点数据进行读/写高速缓存的系列产品。

　　(3) 安全问题。某些特殊行业的应用，比如金融数据、医疗信息及政府情报等部门，都有自己的安全标准和保密性要求。同时，大数据分析往往需要多类数据的相互参考，因而会催生出一些新的、需考虑的安全问题。

(4) 成本问题。对于需要使用大数据环境的企业来说，成本控制是关键问题。想控制成本，就意味着让每一台设备实现更高效率，同时尽量减少价格昂贵的部件。目前，重复数据删除技术已进入主存储市场。

(5) 数据的积累。任何数据都是历史记录的一部分，而且数据的分析大多是基于时间段进行的。要实现长期的数据保存，就要求存储厂商开发出能够持续进行数据一致性检测和长期保持高规格可用特性的产品，同时还要满足数据直接在原位更新的功能需求。

(6) 灵活性。大数据存储系统的基础设施规模通常很大，因此必须经过仔细设计才能保证存储系统的灵活性，使其能够随着应用分析软件一起扩容及扩展。在大数据存储环境中数据会同时保存在多个部署站点，已不需要再做数据迁移。一个大型的数据存储基础设施投入使用后就很难再调整，因此必须能适应不同应用类型和数据场景。

(7) 应用感知。最早的一批大数据用户已经开发出针对应用的定制化基础设施，在主流存储系统领域，应用感知技术的使用越来越普遍，它是改善系统效率和性能的重要手段。

(8) 针对小用户。依赖大数据的不仅仅是特殊的大型用户群体，作为一种商业需求，小型企业也将会用到大数据。目前，一些存储厂商已经在开发出一些小型的"大数据"存储系统，以吸引那些对成本比较敏感的用户。

### 小知识　大数据存储系统实例

谷歌文件系统(GFS)和 Hadoop 的分布式文件系统(Hadoop Distributed File System，HDFS)奠定了大数据存储技术的基础。与传统系统相比，GFS/HDFS 将计算和存储节点在物理上结合在一起，从而避免了在数据密集计算中易形成的 I/O 吞吐量的制约。同时，这类分布式存储系统的文件系统也采用了分布式架构，能达到较高的并发访问能力。当前，随着应用范围不断扩展，GFS 和 HDFS 也面临瓶颈。虽然 GFS 和 HDFS 在大文件的追加(Append)写入和读取时能够获得很高的性能，但随机访问(Random Access)、海量小文件的频繁写入性能却较低。

## 3.2　HDFS 文件系统

### 3.2.1　相关概念

#### 1. 存储块

HDFS 使用 Block(存储块)对文件的存储进行操作，Block 作为 HDFS 的基本存储单元，在 Hadoop1.x 中默认大小为 64 MB，在 Hadoop2.x 中默认大小为 128 MB，一个文件被分成多个块，以块作为存储单位块的大小远远大于普通文件系统，可以最小化寻址开销。

HDFS 采用抽象的块概念可以带来以下几个明显的好处：

(1) 支持大规模文件存储：文件以块为单位进行存储。一个大规模文件可以被分拆成若干个文件块，不同的文件块可以被分发到不同的节点上。因此，一个文件的大小不会受到单个节点的存储容量的限制，可以远远大于网络中任意节点的存储容量。

(2) 简化系统设计：一方面，大大简化了存储管理，因为文件块大小是固定的，这样就可以很容易计算出一个节点可以存储多少个文件块；另一方面，方便了元数据的管理，元数据不需要和文件块一起存储，可以由其他系统负责管理元数据。

(3) 适合数据备份：每个文件块都可以冗余存储到多个节点上，大大提高了系统的容错性和可用性。

**2. NameNode、SecondaryNameNode 和 DataNode**

(1) NameNode：管理文件系统的命名空间。NameNode 维护两套数据：一套是文件目录与数据块之间的映射关系，另一套是数据块与节点间的关系。前一套数据是静态的，是存放在磁盘上的，通过命名空间镜像文件(FsImage)和编辑日志文件(EditLog)来维护；后一套数据是动态的，不持久化到磁盘，每当集群启动时会自动建立这些信息。NameNode 管理文件系统的元数据，多个 DataNode 存储实际的数据。客户端通过同 NameNode 和 DataNode 的交互访问文件系统(即客户端联系 NameNode 以获取文件的元数据，而真正的 I/O 操作是直接和 DataNode 进行交互的)。

(2) SecondaryNameNode：第二名称节点，是 HDFS 架构中的一个组成部分，用于保存名称节点中对 HDFS 元数据信息的备份，并减少名称节点重启的时间。SecondaryNameNode 一般是单独运行在一台机器上。为什么要引入 SecondaryNameNode 呢？因为在 NameNode 名称节点运行期间 HDFS 的所有更新操作都是直接写到 EditLog 中，久而久之，EditLog 文件将会变得很大。虽然这对名称节点的运行没有什么明显影响，但是当名称节点重启时，名称节点需要先将 FsImage 里面的所有内容映像到内存中，然后再逐条地执行 EditLog 中的记录。当 EditLog 文件非常大时会导致名称节点启动操作非常慢，而在这段时间内 HDFS 系统处于安全模式，一直无法对外提供写操作，进而影响了用户的使用。

(3) DataNode：数据节点，是 HDFS 的工作节点，负责数据的存储和读取，会根据客户端或名称节点的调度来进行数据的存储和检索，并且向名称节点定期发送自己所存储的块的列表。每个数据节点中的数据会被保存在各自节点的本地 Linux 文件系统中。

**3. 心跳机制**

所谓"心跳"，是一种形象化的描述，指的是持续地按照一定频率在运行，类似于心脏在永无休止地跳动。这里指的是 DataNode 向 NameNode 发送周期性(如每 3 秒次)的心跳，NameNode 周期性地从集群中的每个 DataNode 接收心跳包和块报告，NameNode 可以根据这个报告验证块映射和其他文件系统元数据。收到心跳包，说明 DataNode 工作正常。如果 DataNode 不能发出心跳信息，NameNode 会将没有心跳的 DataNode 标记为宕机，且不会向它发出任何新的 I/O 请求。

#### 4. 机架感知

Hadoop 在设计时考虑到数据的安全与高效，数据文件默认在 HDFS 上存放三份，即存储策略为本地一份，同机架内其他节点上一份，不同机架的某一节点上一份。这样一来，如果本地数据损坏，节点可以从同一机架内的相邻节点获得数据，速度肯定比从跨机架节点上获取数据速度要快。同时，如果整个机架的网络出现异常，也能保证在其他机架的节点上找到数据。为了降低整体的带宽消耗和读取延时，HDFS 会尽量让读取程序读取离它最近的副本。如果在读取程序的同一个机架上有一个副本，那么就优先读取该副本。如果一个 HDFS 集群跨越多个数据中心，那么客户端也将首先读取本地数据中心的副本。Hadoop 是如何确定任意两个节点是位于同一机架，还是跨机架的呢？答案就是机架感知。

### 3.2.2　HDFS 的结构

HDFS 采用 Master/Slave 架构。一个 HDFS 集群是由一个 NameNode 和一定数量的 DataNodes 组成的。NameNode 作为一个中心服务器，负责管理文件系统的名字空间 (Namespace)及客户端对文件的访问。集群中的 DataNode 一般是一个节点一个，负责管理它所在节点上的存储。HDFS 暴露了文件系统的名字空间，用户能够以文件的形式在上面存储数据。从内部看，一个文件其实被分成一个或多个数据块，这些块存储在一组 DataNode 上。NameNode 执行文件系统名字空间的操作，比如打开、关闭、重命名文件或目录，同时它也负责确定数据块到具体 DataNode 节点的映射。DataNode 负责处理文件系统客户端的读写请求。在 NameNode 的统一调度下进行数据块的创建、删除和复制。图 3-1 所示为 HDFS 的整体结构。

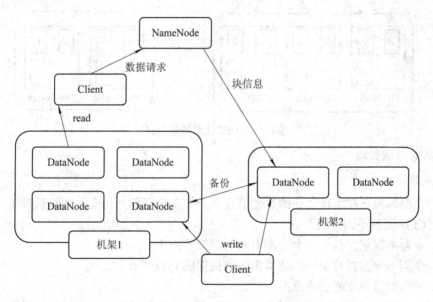

图 3-1　HDFS 的整体结构

NameNode 和 DataNode 被设计成可以在普通的商用机器上运行,这些机器一般运行的是 GNU/Linux 操作系统(OS)。HDFS 采用 Java 语言开发，因此任何支持 Java 的机器都可以部署 NameNode 或 DataNode。由于采用了可移植性极强的 Java 语言，使 HDFS 可以部署到多种类型的机器上。一个典型的部署场景是一台机器上只运行一个 NameNode 实例，而集群中的其他机器则分别运行一个 DataNode 实例。这种架构并不排斥在一台机器上运行多个 DataNode，但通常此类情况比较少见。

集群中单一 NameNode 的结构大大简化了系统的架构。NameNode 是所有 HDFS 元数据的仲裁者和管理者，只有这样用户数据才永远不会流过 NameNode。

### 3.2.3　HDFS 的存储原理

#### 1. 冗余数据保存

作为一个分布式文件系统，HDFS 的主要设计目标是为了保证系统的容错性和可用性。HDFS 采用了多副本方式对数据进行冗余存储，通常一个数据块的多个副本会被分布到不同的数据节点上，HDFS 默认的副本系数是 3，其适用于大多数情况。如图 3-2 所示，数据块 A 被分别存放到 DataNode1、DataNode2、DataNode4 上，数据块 B 被分别存放到 DataNode2、DataNode4、DataNode5 上。这种多副本方式具有以下几个优点：① 加快数据传输速度，当多个客户端同时访问同一个文件时，客户端可以分别从不同的数据块副本中读取数据，加快了数据的传输速度；② 容易检查数据错误；③ 保证数据可靠性。

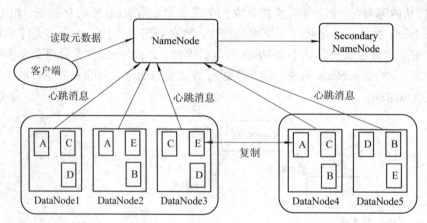

图 3-2　HDFS 冗余数据存储

#### 2. 数据存取策略

1) 数据存放

第一个副本放置在上传文件的数据节点上。如果是集群外提交，则随机挑选一台磁盘不太满、CPU 运行不太忙的节点。

第二个副本放置在与第一个副本不同的机架节点上。

第三个副本放置在与第一个副本相同的机架的其他节点上。

更多副本则放置在随机节点上。

这种策略减少了机架间的数据传输，提高了写操作的效率。由于机架的错误远远比节点的错误少，因此这种策略不会影响数据的可靠性和可用性。与此同时，因为数据块只存放在两个不同的机架上，所以此策略减少了读取数据时需要的网络传输总带宽。Block 的副本放置策略如图 3-3 所示。

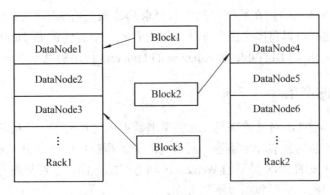

图 3-3　Block 的副本放置策略

**2) 数据读取**

HDFS 提供了一个 API，可以确定一个数据节点所属的机架 ID，客户端也可以调用 API 获取自己所属的机架 ID。当客户端读取数据时，从名称节点获得数据块不同副本的存放位置列表，列表中包含了副本所在的数据节点，可以调用 API 来确定客户端和这些数据节点所属的机架 ID。当发现某个数据块副本对应的机架 ID 和客户端对应的机架 ID 相同时，就优先选择该副本读取数据。如果没有发现，就随机选择一个副本读取数据。

**3) 数据复制**

数据复制主要是在数据写入和数据恢复时发生。当客户端向 HDFS 文件写入数据时，首先是写到本地临时文件中，假设该文件的副本系数设置为 3，当本地临时文件累积到一个数据块的大小时客户端会从 NameNode 获取一个 DataNode 列表用于存放副本。然后客户端开始向第一个 DataNode 传输数据，这个 DataNode 一小部分一小部分地接收数据(速度为 4 KB)，将每一部分写入本地仓库，同时传输该部分到列表中第二个 DataNode 节点。第二个 DataNode 也是这样，一小部分一小部分地接收数据，写入本地仓库，并传给第三个 DataNode。最后，第三个 DataNode 接收数据并存储在本地。因此，DataNode 能流水线式地从前一个节点接收数据，并同时转发给下一个节点。数据以流水线的方式从前一个 DataNode 复制到下一个，当最后文件写完时数据复制也同时完成，这是流水线处理的优势。

# 3.3　NoSQL 数据库

NoSQL(Not Only SQL)，意思为“不仅仅是 SQL”，泛指非关系型数据库，是一项全新的数据库革命性运动。NoSQL 一词最早出现于 1998 年，是 Carlo Strozzi 开发的一个轻量、开源、不提供 SQL 功能的关系型数据库。2009 年，Last.fm 的 Johan Oskarsson 发起了一次关于分布式开源数据库的讨论，来自 Rackspace 的 Eric Evans 再次提出了 NoSQL 的概念。这时的 NoSQL 主要指非关系型、分布式、不提供 ACID 的数据库设计模式。2009 年在亚特兰大举行的“no:sql(east)”讨论会是一个里程碑，其口号是“selectfun，profit from real-world where relational = false;”。因此，对于 NoSQL，最普遍的解释是“非关联型的”，强调键值存储和文档数据库的优点，而不是单纯地反对 RDBMS。相对于目前铺天盖地的关系型数据库运用，这一概念无疑是一种全新的思维注入。

现今的计算机体系结构在数据存储方面要求具备庞大的水平扩展性(即能够连接多个软硬件的特性,这样可以将多个服务器从逻辑上看成一个实体),而 NoSQL 致力于改变这一现状。目前 Google 的 BigTable 和 Amazon 的 Dynamo 使用的就是 NoSQL 数据库。

### 3.3.1　NoSQL 的产生

随着互联网 Web2.0 网站的兴起,非关系型数据库现在成了一个极其热门的新领域,非关系型数据库产品的发展非常迅速。而传统的关系型数据库在应付 Web2.0 网站,特别是超大规模和高并发的 SNS 类型的 Web2.0 纯动态网站方面,已经显得力不从心,暴露出许多难以克服的问题,主要包括以下几方面:

(1) 对数据库高并发读写的性能需求:因为 Web2.0 网站要根据用户个性化信息来实时生成动态页面和提供动态信息,所以基本上无法使用动态页面静态化技术。因此,数据库并发负载非常高,往往要达到每秒上万次读写请求。关系型数据库应付上万次 SQL 查询还勉强顶得住,但是应付上万次 SQL 写数据请求,硬盘 I/O 就已经无法承受了。其实对于普通的 BBS 网站,往往也存在对高并发写请求的需求。

(2) 对海量数据的高效率存储和访问的需求:对于大型的 SNS 站,每天用户会产生海量的用户动态。以国外的 Friendfeed 为例,一个月就达到 2.5 亿条用户动态。对于关系型数据库来说,在一张 2.5 亿条记录的表里进行 SQL 查询,效率是极其低下的,甚至是不可忍受的。例如,大型 Web 网站的用户登录系统,如腾讯和盛大,动辄数以亿计的账号,关系型数据库也很难应付。

(3) 对数据库的高可扩展性和高可用性的需求:在基于 Web 的架构中,数据库是最难进行横向扩展的。当一个应用系统的用户量和访问量与日俱增时,其数据库却没有办法像网页服务器和应用服务器那样,简单地通过添加更多的硬件和服务节点来扩展性能和负载能力。对于很多需要提供 24 小时不间断服务的网站来说,对数据库系统进行升级和扩展是非常痛苦的事情,往往需要停机维护和数据迁移。

为什么数据库不能通过不断地添加服务器节点来实现水平扩展呢?在上面提到的"三高"需求面前,关系型数据库遇到了难以克服的障碍,而对于 Web2.0 网站来说,关系型数据库的很多主要特性却往往无用武之地,主要表现在以下几方面:

(1) 数据库事务一致性的需求:很多 Web 实时系统并不要求严格的数据库事务,对读一致性的要求很低,有些场合对写一致性要求也不高。因此,数据库事务管理成了数据库高负载下的一个沉重负担。

(2) 数据库的写实时性和读实时性的需求:对于关系型数据库来说,插入一条数据之后立刻查询,肯定是可以读出来这条数据的,但是对于很多 Web 应用来说,并不要求这么高的实时性。

(3) 对复杂的 SQL 查询:特别是多表关联查询的需求。任何大数据量的 Web 系统,都非常忌讳多个大表的关联查询,以及复杂数据分析类型的复杂 SQL 报表查询,特别是 SNS 类型的网站,往往从需求及产品设计角度就避免了这种情况的产生。一般而言,这类 Web 系统更多的只是单表的主键查询及单表的简单条件分页查询,SQL 的功能被极大地弱化了。

因此,关系型数据库在这些越来越多的应用场景下就显得不合,为了解决这类问题的非关系型数据库由此应运而生。NoSQL 是非关系型数据存储的广义定义，它打破了长久以来关系型数据库与 ACID 理论大一统的局面。NoSQL 数据存储不需要固定的表结构，通常也不存在连接操作，在大数据存取上具备关系型数据库无法比拟的性能优势。该观点在 2009 年年初得到了广泛的认同。

当今的应用体系结构需要数据存储在横向伸缩性上能够满足需求，而 NoSQL 存储就是为了实现这个需求。Google 的 BigTable 和 Amazon 的 Dynamo 是非常成功的商业 NoSQL 实现。一些开源的 NoSQL 体系，如 Facebook 的 Cassandra、Apache 的 HBase，也得到了广泛认同。

### 3.3.2　NoSQL 与 RDBMS

在过去的几年里，虽然一些 RDBMS(关系型数据库管理系统)供应商们声称在可管理性方面做出了很多改进，但是，高端的 RDBMS 系统维护起来仍然十分昂贵，而且还需要训练有素的 DBA(数据库管理员)的协助。DBA 需要亲自参与高端的 RDBMS 系统设计、安装和调优。NoSQL 数据库从一开始就是为降低管理方面的要求而设计的。从理论上来说，自动修复、数据分配和简单的数据模型，的确可以让管理和调优方面的要求降低很多。但是，DBA"死期将至"的谣言未免有些过于夸张了，毕竟总是需要有人对关系型数据库的性能和可用性负责的。RDBMS 与 NoSQL 的简单比较如表 3-1 所示。

表 3-1　RDBMS 与 NoSQL 的简单比较

| 对比标准 | RDBMS | NoSQL | 备　　注 |
|---|---|---|---|
| 数据库原理 | 完全支持 | 部分支持 | RDBMS 有数学模型支持；NoSQL 则没有 |
| 数据规模 | 大 | 超大 | RDBMS 的性能会随着数据规模的增大而降低；NoSQL 可以通过添加更多设备以支持更大规模 |
| 数据库模式 | 固定 | 灵活 | 使用 RDBMS 需要定义数据库模式；NoSQL 则不用 |
| 查询效率 | 快 | 简单查询非常高效，较复杂的查询性能有所下降 | RDBMS 可通过索引快速地响应记录查询(point query)和范围查询(range query)；NoSQL 没有索引，虽然 NoSQL 可以使用 MapReduce 加速查询速度，但仍不如 RDBMS |
| 一致性 | 强 | 弱 | RDBMS 遵守 ACID 模型；NoSQL 遵守 BASE(Basically Available，Soft state，Eventually consistent)模型 |
| 扩展性 | 一般 | 好 | RDBMS 扩展困难；NoSQL 扩展简单 |
| 可用性 | 好 | 极好 | 随着数据规模的增大，RDBMS 为了保证严格的一致性，只能提供相对较弱的可用性；NoSQL 任何时候都能提供较高的可用性 |
| 标准化 | 是 | 否 | RDBMS 已经标准化(SQL)；NoSQL 尚无行业标准 |
| 可维护性 | 复杂 | 复杂 | RDBMS 需要专门的 DBA 维护；NoSQL 数据库虽然没有 RDBMS 复杂，但也难以维护 |
| 技术支持 | 高 | 低 | RDBMS 有很好的技术支持；NoSQL 在技术支持方面不如 RDBMS |

### 3.3.3　NoSQL 的分类

　　NoSQL 仅仅是一个概念，NoSQL 数据库根据数据的存储模型和特点分为很多种类，如何对其分类，以便根据自己的应用特色选择不同的 NoSQL 数据库呢？NoSQL 主要有六种存储类型：列存储、文档存储、Key-value 存储、图存储、对象存储、XML 数据库，对应的特点如表 3-2 所示。

表 3-2　NoSQL 的主要类型

| 类　型 | 部分代表 | 特　　点 |
|---|---|---|
| 列存储 | Hbase<br>Cassandra<br>Hypertable | 　顾名思义，是按列存储数据的。最大的特点是方便存储结构化和半结构化数据，便于数据压缩，针对某一列或某几列的查询有非常大的 I/O 优势 |
| 文档存储 | MongoDB<br>CouchDB | 　文档存储一般用类似 json 的格式存储，存储的内容是文档型的，这样也就有机会对某些字段建立索引，实现关系型数据库的某些功能 |
| key-value 存储 | Tokyo Cabinet/Tyrant<br>Berkeley DB<br>Memcache DB<br>Redis | 　可以通过 key 快速查询到对应的 value。一般来说，存储不管 value 的格式都照单全收(Redis 包含了其他功能) |
| 图存储 | Neo4J<br>FlockDB | 　作为图形关系的最佳存储。如果使用传统的关系型数据库来解决则性能低下，而且设计使用不方便 |
| 对象存储 | db4o<br>Versant | 　通过类似面向对象语言的语法操作数据库，通过对象的方式存取数据 |
| XML 数据库 | Berkeley DB XML<br>BaseX | 　高效的存储 XML 数据，支持 XML 的内部查询语法，如 XQuery、Xpath |

　　如此多类型的 NoSQL，而每种类型的 NoSQL 又有很多，到底选择什么类型的 NoSQL 来作为存储呢？这并不是一个很好回答的问题，影响选择的因素有很多，而选择也可能有多种。随着业务场景的不同，需求的变更可能使选择又会变化。我们常常需要根据如下情况考虑：

　　(1) 数据结构特点：包括结构化、半结构化及字段是否可能变更，是否有大文本字段，数据字段是否可能变化。

　　(2) 写入特点：包括 insert 比例、update 比例，是否经常更新数据的某一个小字段，原子更新需求。

　　(3) 查询特点：包括查询的条件、查询热点的范围。比如，用户信息的查询可能就是随机的，而新闻的查询就是按照时间，越新的往往越频繁。

### 3.3.4　NoSQL 与 NewSQL

　　虽然 NoSQL 数据库提供了高扩展性和灵活性，但是也存在缺点，主要有以下方面：

　　(1) 数据模型和查询语言没有数学验证。SQL 基于关系代数和关系演算的查询结构有坚实的数学保证，由于 NoSQL 没有使用 SQL，使用的一些模型缺乏完善的数学基础，这也是 NoSQL 系统较为混乱的主要原因之一。

(2) 不支持 ACID 特性。这为 NoSQL 带来优势的同时也带有缺点，在有些情况下需要 ACID 特性使系统在中断情况下也能保证在线事务的准确执行。

(3) 功能简单。大多数 NoSQL 系统提供的功能比较简单，这就增加了应用层的负担。例如，应用层要实现 ACID，那么编写代码的程序员一定极其痛苦。

(4) 没有统一的查询模型。NoSQL 系统一般提供不同的查询模型，这很难规范应用程序接口。

NewSQL 是用于在线事务处理(OLTP)的下一代可伸缩 RDBMS，可为读写工作负载提供 NoSQL 系统的可伸缩性能，并且保证传统数据库系统的 ACID(如原子性、一贯性、隔离性、耐久性)。这些系统通过 EmployingNoSQL 样式的功能(如面向列的数据存储和分布式体系结构)，来突破传统 RDBMS 的性能限制，或采用内存处理、对称多处理(SMP)或 Massively 并行加工等技术，并集成 NoSQL 或 Searchcomponents，旨在处理大数据的体积、品种、速度和变异性等难题。

NewSQL 数据库的分类类似于 NoSQL，有许多类别的 NewSQL 解决方案，其分类是基于供应商为保留 SQL 接口而采用的不同方法，并解决传统的 OLTP 解决方案的可伸缩性和性能问题。NewSQL 数据库可分为三类，如表 3-3 所示。

表 3-3　NewSQL 数据库分类

| 数据库种类 | MySQL 存储引擎 | 透明聚类/切分 |
| --- | --- | --- |
| VoltDB | TokuDB(商用) | dbShards(商用) |
| NuoDB | InfiniDB | ScaleBase(商用) |
| Drizzle | Xeround | ScalArc |
| Clustrix | GenieDB | Schooner MySQL |
| MemSQL | Akiban | Continuent Tungsten(开源) |

(1) 新的体系结构数据库：点集群中运行的这些数据库通常是从头编写的，并考虑到分布式体系结构，包括分布式并发控制、流控制和分布式查询处理等组件。这类数据库有 VoltDB、NuoDB Clustrix 等。

(2) 新的 MySQL 存储引擎：相同的编程接口，但比内置引擎(如 InnoDB)更有规模。这些新的存储引擎的例子包括 TokuDB 和 InfiniDB。

(3) 透明聚类/切分：这些解决方案保留了 OLTP 数据库的原始格式，为群集提供了可插入的功能，以确保可伸缩性。另一种方法是提供透明的切分，以提高可伸缩性。Schooner MySQL、Continuent Tungsten 和 ScalArc 遵循前一种方法，而 ScaleBase 和 Dbshards 遵循后一种方法。这两种方法都允许重用现有的技能和生态系统，并避免重写代码或执行任何数据迁移的需要。提供的例子有 ScalArc、Schooner MySQL、dbShards、ScaleBase (商业)和 Continuent Tungsten(开源)。

NoSQL 和 NewSQL 在面对海量数据处理时都表现出了较强的扩展能力，NoSQL 现有优势在于对非结构化数据处理的支持上，而 NewSQL 对于全数据格式的支持也日趋成熟。另一方面，NewSQL 相比 NoSQL 表现出的优势在于实时性、复杂分析、即席查询和可开发性。

# 3.4　HBase 数据库

## 3.4.1　HBase 简介

HBase 是 Hadoop 的子项目，是一个面向列的分布式数据库。它建立在 HDFS 之上，是一个能提供高可靠性、高性能、列存储、可伸缩及实时读写的数据库系统。

HDFS 实现了一个分布式的文件系统，虽然这个文件系统能以分布和可扩展的方式有效存储海量数据，但文件系统缺少结构化/半结构化数据的存储管理和访问能力，其编程接口对于很多应用来说还太底层了。就像 NTFS 这样的单机文件系统，还需要 Oracle、IBM DB2、Microsoft SQL Server 这样的数据库来帮助管理数据。HBase 之于 HDFS 就类似于数据库之于文件系统。

HBase 存储的数据介于映射(key/value)和关系型数据之间，通过主键(row key)和主键的 range 来检索数据，支持单行事务(即可通过 hive 支持来实现多表 join 等复杂操作)，主要用来存储非结构化和半结构化的松散数据。HBase 的目标主要依靠横向扩展，通过不断增加廉价的商用服务器来提升计算和存储能力。它可以直接使用本地文件系统，也可以使用 Hadoop 的 HDFS 文件存储系统。

HBase 在 Hadoop 生态系统中的地位及关系如图 3-4 所示，它向下提供存储，向上支持运算，将数据存储和并行计算比较完美地结合在了一起。

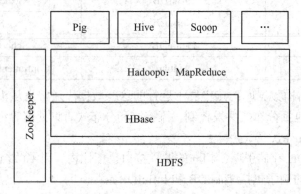

图 3-4　HBase 的地位及关系

HBase 的特征包括：

(1) 线性及模块可扩展性；

(2) 严格一致读写；

(3) 可配置的表自动分割策略；

(4) RegionServer 自动故障恢复；

(5) 便于备份 MapReduce 作业的基类；

(6) 便于客户端访问的 Java API；

(7) 为实时查询提供了块缓存和 Bloom Filter；

(8) 可通过服务器端的过滤器进行查询预测；

(9) 提供了支持 XML、Protobuf 及二进制编码的 Thrift 网管和 REST-ful 网络服务；

(10) 可扩展的 JIRB(Jruby-based)shell；

(11) 支持通过 Hadoop 或 JMX 将度量标准导出到文件或 Ganglia 中。

HBase 中的表具有如下特点：

(1) 大：一个表可以有上亿行、上百万列；

(2) 面向列：面向列(族)的存储和权限控制，列(族)独立检索；

(3) 稀疏：对于空(null)的列，并不占用存储空间，因而表可以设计得非常稀疏。

### 3.4.2　HBase 的体系结构

HBase 的服务器体系结构遵从主从服务器架构，由 HRegion 服务器(HRegion Server)群和 HBase Master 服务器(HBase Master Server，图中用 HMaster 表示)构成。HBase Master 服务器负责管理所有的 HRegion 服务器。而 HBase 中的所有服务器都是通过 ZooKeeper 来进行协调，并处理 HBase 服务器运行期间可能遇到的错误。HBase Master 服务器本身并不存储 HBase 中的任何数据，HBase 逻辑上的表可能被划分成多个 HRegion，然后存储到 HRegion 服务器群中。HBase Master 服务器中存储的是从数据到 HRegion 服务器的映射。HBase 的体系结构如图 3-5 所示。

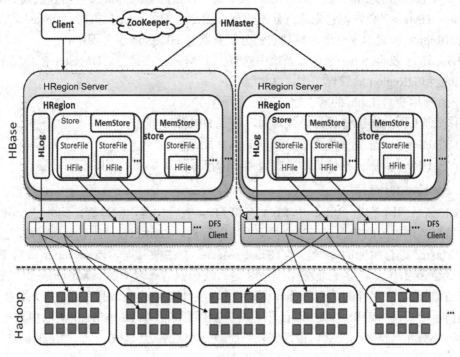

图 3-5　HBase 的体系结构

### 1. HRegion

当表的大小超过设置值时，HBase 会自动将表划分到不同的区域，每个区域包含所有行的一个子集。对用户来说，每个表是一堆数据的集合，靠主键来区分。从物理角度来说，一张表是被拆分成多块，每一块就是一个 HRegion，用“表名＋开始/结束”主键来区分每一个 HRegion。一个 HRegion 会保存一个表中某段连续的数据，从"开始"主键到"结束"主键，一张完整的表格保存在多个 HRegion 上。

### 2. HRegion 服务器

HRegion 服务器主要负责响应用户 I/O 请求，向 HDFS 文件系统中读写数据，是 HBase 中最核心的模块。所有的数据库数据一般是保存在 Hadoop 分布式文件系统上，用户通过一系列 HRegion 服务器来获取这些数据。一台机器上面一般只运行一个 HRegion 服务器，且每一个区段的 HRegion 也只会被一个 HRegion 服务器维护。

HRegion 服务器包含：HLog 和 HRegion 两个部分。HLog 部分用于存储数据日志；HRegion 部分由很多的 HRegion 组成，存储的是实际的数据。每一个 HRegion 又由许多 Store 组成，每一个 Store 存储实际上是一个列族(Column Family)下的数据。此外，在每一个 Store 中包含一块 MemStore。MemStore 驻留在内存中，数据到来时首先更新到 MemStore 中，当达到阈值后再更新到对应的 StoreFile(又名 HFile)中。每一个 HStore 集合包含了多个 HStoreFile，HStoreFile 负责实际的数据存储，为 HBase 中最小的存储单元。

### 3. HBase Master 服务器

每台 HRegion 服务器都会与 HMaster 服务器通信，HMaster 的主要任务就是要告诉每台 HRegion 服务器需要维护的 HRegion 种类。当一台新的 HRegion 服务器登录到 HMaster 服务器时，HMaster 会告诉它先等待分配数据；当一台 HRegion 死机时，HMaster 会把它负责的 HRegion 标记为未分配，再把它们分配到其他 HRegion 服务器中。

HBase 通过 ZooKeeper 来保证系统中总有一个 Master 在运行。HMaster 在功能上主要负责 Table 和 HRegion 的管理工作，具体包括：

(1) 管理用户对 Table 的增、删、改、查操作；

(2) 管理 HRegion 服务器的负载均衡，调整 HRegion 分布；

(3) 在 HRegion 分裂后负责新 HRegion 的分配；

(4) 在 HRegion 服务器停机后负责失效 HRegion 服务器上的 HRegion 迁移。

### 4. ZooKeeper 存储

ZooKeeper 用于存储 HBase 中 Root 表和 Meta 表在集群中的位置。此外，ZooKeeper 还负责监控各个机器的状态。当某台机器发生故障时，ZooKeeper 会第一个感知，并通知 HBase Master 进行相应的处理。当 HBase Master 发生故障时，ZooKeeper 负责 HBase Master 的恢复工作，能够保证在同一个时刻系统中只有一台 HBase Master 提供服务。

元数据 Meta 表保存的是 HRegion 标识符和实际 HRegion 的映射关系。当元数据 Meta 表中的内容增长到一定程度时，Meta 表可被分割保存到多个 HRegion 中，而根数据 Root 表保存了所有元数据表的位置，根数据表不能被分割，永远保存在一个 HRegion 中。

### 3.4.3　HBase 的数据模型

#### 1. 物理模型

HBase 是一个类似 Google Bigtable 的分布式数据库，它是一个稀疏的、长期存储的(存储在硬盘上)、多维度的、排序的映射表。这张表的索引是行关键字、列关键字和时间戳，

HBase 中的数据都是字符串，没有类型。

　　用户在表格中存储数据，每一行都有一个可排序的主键和任意多的列。由于是稀疏存储，同一张表里面的每一行数据都可以有截然不同的列。列名字的格式是"<family>:<qualifier>"，都是由字符串组成的。每一张表有一个列族集合，这个集合是固定不变的，只能通过改变表结构来改变。但是 qulifier 值相对于每一行来说都是可以改变的。

　　HBase 把同一个列族里面的数据存储在同一个目录下，并且 HBase 的写操作是锁行的，每一行都是一个原子元素，都可以加锁。

　　HBase 所有数据库的更新都有一个时间戳标记，每个更新都是一个新的版本，HBase 会保留一定数量的版本。这个值是可以设定的，客户端可以选择获取距离某个时间点最近的版本单元的值，或者一次获取所有版本单元的值。

### 2. 概念视图

　　将一个表想象成一个大的映射关系，通过行健、行健+时间戳或行键+列(列族：列修饰符)就可以定位特定数据。HBase 是稀疏存储数据的，因此某些列可以是空白的，表 3-4 是某个 test 表的 HBase 概念视图。

表 3-4　HBase 数据的概念视图

| Row Key | Time Stamp | Column Familyc1 | | Column Familyc2 | |
| --- | --- | --- | --- | --- | --- |
| | | 列 | 值 | 列 | 值 |
| r1 | t7 | c1:1 | value1-1/1 | | |
| | t6 | c1:2 | value1-1/2 | | |
| | t5 | c1:3 | value1-1/3 | | |
| | t4 | | | c2:1 | value1-2/1 |
| | t3 | | | c2:2 | value1-2/2 |
| r2 | t2 | c1:1 | value2-1/1 | | |
| | t1 | | | c2:1 | value2-1/1 |

　　从表 3-4 中可以看出，test 表有 r1 和 r2 两行数据，c1 和 c2 两个列族。在 r1 中，列族 c1 有三条数据，列族 c2 有两条数据；在 r2 中，列族 c1 有一条数据，列族 c2 有一条数据。每一条数据对应的时间戳都用数字来表示，时间戳的格式可以自定义。

### 3. 物理视图

　　虽然从概念视图来看每个表格是由很多行组成的，但是在物理存储上它是按照列来保存的，如表 3-5、表 3-6 所示。

表 3-5　HBase 数据的物理视图(1)

| Row Key | Time Stamp | Column Family c1 | |
| --- | --- | --- | --- |
| | | 列 | 值 |
| r1 | t7 | c1:1 | value1-1/1 |
| | t6 | c1:2 | value1-1/2 |
| | t5 | c1:3 | value1-1/3 |

表 3-6　HBase 数据的物理视图(2)

| Row Key | Time Stamp | Column Family c2 | |
| --- | --- | --- | --- |
| | | 列 | 值 |
| r1 | t4 | c2:1 | value1-2/1 |
| | t3 | c2:2 | value1-2/2 |

需要注意的是，在概念视图上有些列是空白的，这样的列实际上并不会被存储，当请求这些空白的单元格时会返回 null 值。如果在查询的时候不提供时间戳，那么会返回距离现在最近的那一个版本的数据，因为在存储的时候数据会按照时间戳来排序。

## 3.5　大数据处理

近年来，大数据技术迅猛发展，引起了全世界的广泛关注。大数据技术发展的主要推动力来自并行计算硬件和软件技术的发展，以及近年来行业大数据处理需求的迅猛增长。在大数据环境下，需要处理的数据量由 TB 级迈向 PB 级甚至 ZB 级，为了应对这样的挑战，Google 公司发明了 MapReduce 大规模数据分布存储和并行计算技术，Apache 社区推出了开源 Hadoop MapReduce 并行计算系统。本节将重点介绍多处理器技术和并行计算技术。

### 3.5.1　多处理器技术

#### 1. 单处理器计算性能的发展

纵观计算机的发展历史，日益提升计算性能是计算技术不断追求的目标，也是计算技术发展的主要特征之一。自计算机诞生以来，提升单处理器计算机系统计算速度的常用技术手段有以下几方面。

(1) 提升计算机处理器字长。随着计算机技术的发展，单处理器字长也在不断提升，从最初的 4 位发展到如今的 64 位。处理器字长提升的每个发展阶段均有代表性的处理器产品，如 20 世纪 70 年代出现了最早的 4 位 Intel 微处理器 4004，随后出现了以 Intel8008 为代表的 8 位处理器，20 世纪 80 年代 Intel 推出的 16 位字长 80286 处理器，以及后期发展出的 intel 80386/486/Pentium 系列为主的 32 位处理器等。从 2000 年发展至今，又出现了 64 位字长的处理器。目前，32 位和 64 位处理器是市场主流的处理器。计算机处理器字长的发展大幅提升了处理器的性能。

(2) 提高处理器芯片集成度。1965 年戈登·摩尔(Gordon Moore)发现了这样一条规律：半导体厂商能够集成在芯片中的晶体管数量每 18～24 个月翻一番，其计算性能随着翻一番，这就是众所周知的摩尔定律。在计算技术发展的几十年中，摩尔定律一直引导着计算机产业的发展。

(3) 提升处理器的主频。计算机的主频越高，指令执行的时间越短，计算性能自然会相应提高。因此，在 2004 年以前处理器设计者一直追求不断提升处理器的主频。计算机主频从 Pentium 开始的 60 MHz，曾经最高时可达 4 GHz～5 GHz。

(4) 改进微处理器架构。计算机微处理器架构的改进对于计算性能的提升具有巨大的作用。例如，为了使处理器资源得到最充分利用，计算机体系结构设计师引入了指令并行技术(Instruction-Level Parallelism，ILP)。这是单处理器并行计算的杰出设计思想之一。实现指令级并行最主要的体系结构技术就是流水线技术。

2004 年以前，以上这些技术极大地提高了微处理器的计算性能，但此后处理器的性能不再像人们预期的那样继续提高。人们发现，随着集成度的不断提高及处理器频率的不断提升，单处理器的性能提升开始接近极限。首先，芯片的集成度会受到半导体器件制造工艺的限制。目前，集成电路已达到十纳米级的尺度，芯片集成度不可能无限制提高。与此同时，根据芯片的功耗公式 $P = CV^2f$(其中，$P$ 是功耗；$C$ 是时钟跳变时门电路电容，与集成度成正比；$V$ 是电压；$f$ 是主频)，芯片的功耗与集成度和主频成正比。由此可见，芯片集成度和主频的大幅提高，导致了功耗的快速增大，进而引起难以克服的处理器散热问题。而随着流水线体系结构技术已经发展到极致，2001 年推出的 Pentium4(CJSC 结构)已采用了 20 级复杂流水线技术，因此，流水线为主的计算机体系结构技术也难以有更大提升的空间。

**2. 多处理器技术的发展**

大数据处理的基本单元是计算机，作为计算机核心的处理器具有将输入的数字化数据和信息进行加工和处理，然后将结果输出的功能。因此，处理器的性能往往是决定计算机性能高低的决定性因素。衡量一个具有 $N$ 个处理器的计算节点的性能指标可用式(3-1)表示。

$$\text{IPS} = (\text{MF} \times \text{IPC}) \times \left( \frac{1}{F + (1-F)/N} \right) \tag{3-1}$$

式中，IPS(Instruction Per Second)为该计算节点每秒可处理的指令数，即为此计算节点的性能。IPS 的计算过程包括两部分，前半部分是单个处理器计算能力的计算过程，后半部分是 $N$ 个并行处理器结合后该计算节点计算能力的计算过程。在前半部分中，MF(Main Frequency)为处理器的主频，即处理器内核工作的时钟频率(Clock Speed)；IPC(Instruction Per Clock)为每个时钟周期内可执行的指令数。在后半部分中，$F$ 为计算工作中不可被并行化的部分所占比例，$N$ 为处理器数量。从式(3-1)中可以看出，提高计算节点的性能有两个途径，一方面是增加单处理器的计算能力，另一方面是增加处理器的数量。从式(3-1)还可以看出，提高处理器的主频(MF)是提升计算能力的最直接方式。在早期的单核处理器时代，研究者们的主要工作就是尽力提高处理器的主频，从 1971 年 Intel 公司生产的 1 MHz 的 4004 微处理器，到 2011 年 Intel 公司生产的主频高达 4.4 GHz 的 Xeon 处理器，在经历了 1971—1993 年的主频艰难爬升期后，开始了一个持续 10 年的快速增长期，增长到 2005 年的 3.8 GHz。

然而从 2005 年开始，处理器的主频提升进入了一个瓶颈期；主频迟迟不能突破 4 GHz 大关，直到 2011 年才由 Intel 公司发布的 Xeon 处理器突破了这一障碍。该原因在于对处理器主频进行提升并不是没有极限的，在提高主频的同时，处理器的功耗在以 3 次方的指数速度极速上升，并导致发热量的急剧增加，从而极大地限制了主频可提升的范围，以 Intel 酷睿 i7-2600k 和 i7-3770k 为例，功耗与主频的关系如图 3-6 所示。在这样的背景下，研究者们逐渐开始将研究重点转向以架构的改进来提升处理器每个时钟周期可执行的指令数(IPC)上。

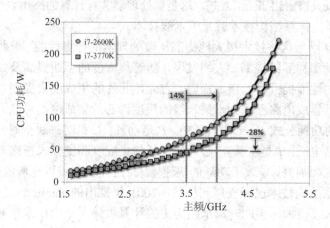

图 3-6　功耗与主频的关系

随着半导体工艺技术的飞速发展，摩尔定律得到了不断验证，这使得在处理器的单一芯片上可集成的晶体管数量已经超过了10亿个。在这一条件下，研究者采用多核(Multi-core)技术突破了单核处理器的主频瓶颈，实现了处理性能的提升。多核技术采用架构优化的思路，以"横向扩展"替代"纵向扩展"的创新方式来提升处理器性能。IPC是处理器在每个时钟周期内所能处理的指令数总量，因此每增加一个内核，理论上处理器每个时钟周期内可执行的指令数将增加一倍。这个道理很简单，即多核处理器可以采用并行的方式执行多个指令，拥有几个内核，理论上单位时间可以执行的指令数量就可以增加几倍。而在芯片内部多嵌入几个内核的难度要远远比加大内核的集成度及在当前程度下提升主频要简单很多。于是，多核技术就能够在不提高生产难度的前提下，用多个低频率核心产生超过高频率单核心的处理效能。尤其是在面对需要处理大量并行数据的场合时，多核处理器可以采用"分而治之"的方式将任务分解为多个并行子任务，并分配给多个内核执行，从而提高工作效率。由于多核技术的优势，自提出后就得到了迅速的发展。IBM在2001年即发布了双核处理器POWER4，将两个64位PowerPC处理器内核集成在一个芯片上，成为首款采用多核设计的处理器。而随后另外两大服务器巨头HP和Sun也相继在2004年发布了名为PA-RISC8800和UltraSPARC IV的双内核处理器。在个人计算机领域，AMD和Intel都推出了自己的多核处理器Athlon和Xeon系列，使多核技术在桌面系统中也得到迅速普及，并很快扩展到移动终端。可以预见，在未来的一段时间内，多核技术仍将是提升处理器能力的主要发展方向。

从式(3-1)可以看到，影响处理节点计算能力的另一个参数为 $N$(即处理器数量)。在其他参数确定的情况下，$N$ 值越大，计算节点的处理能力 IPS 值也越大。这就是采用多处理器技术提升计算节点性能的理论基础。通常对多处理器系统的定义为，包含两个或多个功能相近处理器的计算系统，各处理器之间具有数据交换功能，并共享内存、I/O控制器及外部设备，而整个系统由统一的操作系统控制，在处理器之间实现作业、任务等计算任务的并行处理。相对上面提到的多核技术，多处理器技术受半导体芯片技术的限制更少，因而在20世纪中期即被服务器生产厂商所采用。最早的多处理器服务器是 IBM

在 1958 年为美国空中防御系统研制的 SAGE 计算机系统。SAGE 采用了两个对等的处理器，这两个处理器独立地同步对计算任务进行处理，并在一些关键计算节点上对双方的计算结果进行核对，以确保计算结果的准确性。可以看出，多处理器架构的首次应用，是为了确保计算的可靠性。随后，Burroughs 公司在 1960 年推出了第一个采用多处理器架构提高计算性能的计算机系统 D-825。该系统较 IBM SAGE 系统更进一步，最大可以支持 4 个处理器协同工作及共享资源。在此之后，多处理器技术得到了迅猛发展，在服务器生产领域被普遍采用。多处理器计算系统按照其结构特征，通常可以分为两类：非对称多处理器架构(Asymmetric Multi Processing，ASMP)，其典型的实现结构如图 3-7 所示；对称多处理器架构(Symmetric Multi Processing，SMP)，其典型的实现结构如图 3-8 所示。ASMP 架构是在多处理器技术发展早期，为便于当时仅支持单处理器架构的操作系统能利用增加的额外处理器能力而提出的一种过渡性架构。在 ASMP 架构中，计算任务或进程按照其类型(如操作系统进程和用户进程)被分配到不同的处理器中执行。这种架构虽然实现简单且操作系统需要的改动较小，但是其运行效率是比较低下的，不能充分发挥多处理器的能力。随着操作系统技术发展到可完全支持多处理器架构后，SMP 架构逐渐成为普遍采用的架构形式。在 SMP 架构中，所有的处理器是完全对等的，操作系统可将所有计算任务按照需要分配在任意一个处理器上。所有处理器可以平等地访问内存资源、I/O 资源和外部资源，工作负载可以被均匀地分配到全部处理器上，从而极大地提高了整个系统的处理能力。

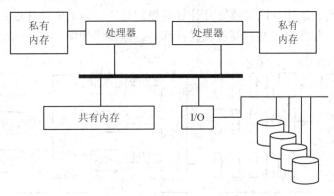

图 3-7　典型的 ASMP 结构图

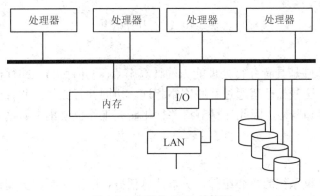

图 3-8　典型的 SMP 结构图

### 3.5.2　并行计算

传统上，一般的软件设计都是串行式计算：软件在一台只有一个 CPU 的电脑上运行；问题被分解成离散的指令序列；指令被一条接一条地执行；在任何时间 CPU 上最多只有一条指令在运行。串行计算如图 3-9 所示。

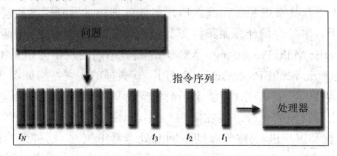

图 3-9　串行计算

随着信息技术的发展，人们对计算系统的计算能力和数据处理能力的要求日益提高。随着计算问题规模和数据量的不断增大，人们发现以传统的串行计算方式越来越难以满足实际应用问题对计算能力和计算的需求，由此出现了并行计算技术。

并行计算(Parallel Computing)是指在具有并行处理能力的计算节点上，将一个计算任务分解成多个并行子任务，分配给不同的处理器。各个处理器之间相互协同，并行地执行子任务，从而达到加速计算速度或提升计算规模的目的。为了成功开展并行计算，必须具备三个基本条件：并行机、并行算法的设计和并行编程，如图 3-10 所示。

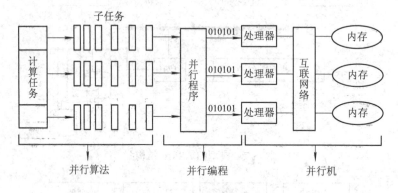

图 3-10　并行计算结构

#### 1. 并行机

并行计算的基础是具有并行处理能力的计算节点(即并行机)。并行机需包含两个或两个以上的处理器，这些处理器通过互联网络相连，协同并行工作。并行机的核心要素主要包括处理器、内存和网络，因此计算节点并行化研究工作也就集中在这三个核心要素的并行化上。

#### 1) 处理器

处理器是计算机系统的核心组件，负责计算任务，以及控制和协调计算机系统的其他组件。由于处理器的复杂性，使处理器的并行化工作显得比较困难。在实际应用中，通常采用以下几种方式对处理器资源进行并行化提升。

(1) 超标量(Superscalar)技术：在处理器中通过内置多条流水线，以实现一个时钟周期内同时执行多个指令。在超标量架构中，处理器或指令编译器需先判断一个指令是需要依赖其他指令顺序执行，还是可以独立于其他指令执行，然后再使用多个执行单元同时执行多个独立指令。这就会带来超标量技术的一个局限，即宝贵的处理器硬件资源被部分浪费在判断指令的独立性和优化指令顺序上。

(2) 显式并行指令计算(Explicitly Parallel Instructions Computing，EPIC)：将超标量中需要处理器完成的指令优化工作交由编译器完成。EPIC 中采用超长指令字方式，将需要可以由处理器多个执行单元并行执行的指令显式地指定出来，处理器会根据超长指令字的内容，进行指令的并行化处理。

(3) 向量处理器(Vector Processor)：其基本思想与显式并行指令计算类似，都是在一条指令中包含多个变量计算，向量处理器能在一个指令中实现对多个数据的同步运算。在 20 世纪 80 年代至 90 年代期间，向量处理器是大多数超级计算机的技术基础，并在现今大多数商业计算机中仍然被采用(如 SIMD 指令)，尤其是在图形和多媒体控制器单元中。

(4) 多线程(Multithreading)技术：通常在软件开发过程中被提到得比较多，实际上在处理器当中同样存在多线程，处理器中的线程之间不存在指令间的关联性。处理器中的多线程分为两类：一类是在一个时钟周期中允许多个线程发出指令；另一类是一个时刻只允许一个线程执行，但是可以在一个时钟周期内切换多个线程。

以上四种处理器并行技术并不是互相隔离的，在实际应用中往往被组合使用，以提高多个层面的处理器并行能力。

2) 内存

内存是计算机系统的宝贵资源，负责保存运行态的数据和程序。对内存的并行化方式可以分为两类。

(1) 分布式内存结构。在分布式内存结构中，所有处理节点通过一个高速互联网络相连，每个处理节点拥有自己独立的内存单元，如图 3-11 所示。这种组织形式很容易实现，因此有着比较广泛的实际应用。由于内存中的数据相互隔离，因此在不同处理节点之间需要通过特定的接口交换数据，比较常见的接口形式是消息传递接口(Message Passing Interface，MPI)。

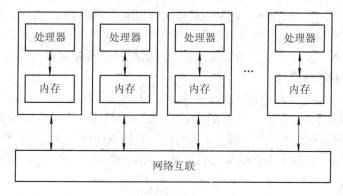

图 3-11  分布式内存结构

(2) 共享内存结构。在共享内存结构中,所有物理内存单元可供所有处理器共享访问,同时也可支持虚拟寻址方式进行区分,如图 3-12 所示。相比分布式内存结构中需要通过互联网络访问不同处理节点中的内存数据,共享内存结构中的不同处理节点间的内存访问时延很小。当然,共享访问的形式也随之带来了内存与缓存之间的数据一致性管理问题。为了解决这一问题,研究者们提出了两种方案,一种是一致性内存访问 (Uniform Memory Access,UMA)模式,另一种是非一致性内存访问(Non-Uniform Memory Access,NUMA)模式。在 UMA 模式下,所有内存单元和缓存单元之间都相连,当一个内存操作发生时所有单元都会知晓,并确保缓存数据保持一致。在 NUMA 模式中,内存单元之间通过一个可扩展的网状结构相连,并不保证任意两个内存单元之间具有相等的距离或访问时延。相比 UMA 模式,NUMA 模式具有更好的可扩展性,可支持更多的处理器环境。

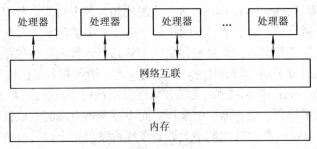

图 3-12　共享内存结构

3) 互联网络

互联网络是连接所有处理节点形成并行机的高速网络,因此是决定并行机性能的第三个核心因素。并行机中的互联网络可以采用无向图表示。在并行计算数十年的发展历程中,并行机的互联网络拓扑设计一直是研究重点之一,其范围涵盖了简单的总线结构、二维网络、三维网络、闭环网络、超立方体网络等多种类型。在实际应用中,并没有哪一种网络拓扑是通用的最佳方案。很多网络拓扑是针对特定的应用类型而进行的优化,因此并行机中互联网络的设计往往是选择一个最适合应用场景的方案,有时候一个简单的二维网络可能就是最佳方案。在这里对这些网络结构按照其连接性质做一个简要的分类。

(1) 静态拓扑结构:处理节点之间通过固定的物理连接相连,且在程序运行的过程中节点间的连接方式不发生变化。这样的静态拓扑结构包括阵列(Array)、环(Ring)、网格( Mesh)、环面(Torus)、树(Tree)、超立方体(Hypercube)、蝶网(Butterfly)、Benes 网等。

(2) 动态拓扑结构:在处理节点之间的连接路径交叉处采用电子开关、路由器或仲裁器等动态连接设备,实现节点间的动态连接。动态拓扑结构包括单一总线、多层总线、交叉开关、多级互联网络等。

(3) 高速互联网络:随着网络技术的发展产生了新的并行机互联网络。在高速互联网络模式下,处理节点间可以通过高速以太网或专用交换机相连,实现高达 GB 甚至 TB 级别的数据交换。高速互联网络的引入,降低了并行机互联网络的设计难度和研发成本,使采用普通计算机集群作为并行技术节点成为可能,极大地推动了并行计算的应用领域和规模。

**2. 并行算法**

适合并行机处理的计算任务普遍具有可分解为多个并行子任务的特性,将一个大的计算任务分解为多个可执行的并行子任务的过程，即为并行算法的设计。一个好的并行算法设计，可以极大地提升计算任务的并行度，即可降低式(3-1)中的参数 $F$，从而实现在并行计算环境下的更高性能处理。

在并行算法的设计中，两个最基本的概念是任务(Task)和通道(Channel)，它们之间的联系如图 3-13 所示。并行算法的设计过程可以分为以下四个阶段。

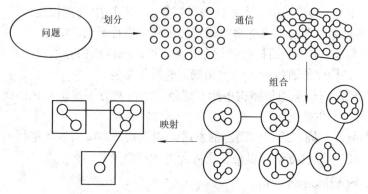

图 3-13　并行算法的设计过程

图 3-13 中的每个圆圈代表一个任务，在经过划分和通信这两步的操作后形成图中第一行最右侧的任务放大图。任务放大图中的每条连接线代表了一条通道，通道通常是一个消息队列，消息发送者可以推送消息至队列中，消息接收者可以从队列中取出消息。每个任务所包含的基本元素为程序代码、本地内存和与运行环境交互的接口。

1) 划分(Partitioning)

划分是将需要解决的大任务分解为若干小任务，在这一阶段中可以忽略诸如计算节点中处理器数量等条件的限制，以尽可能细的粒度进行任务划分，尽可能多地找出大任务中可被并行化的部分。

在进行任务分解时，通常有两种方式：一种是区域分解(Domain Decomposition)，以数据为出发点进行分解，尽力将任务所需要处理的数据分解为大致相等的小数据片，然后将与这些子数据相关的计算过程进行划分，最终得到若干子任务，如果一个任务需要另一个任务的数据，则会产生任务间通信；另一种是以功能为出发点进行分解，将解决这个大任务所需要执行的功能分解为尽可能多的不相交的子功能，并确保这些不相交的子功能所处理的数据间也是不相交的，这种方式称为功能分解(Functional Decomposition)。在实际应用中，区域分解方式由于具有更好的扩展性和利于负载均衡的实现，因此较为常见。作为并行算法设计中的关键性问题，任务分解技术的研究一直是并行计算领域的研究重点，且取得了较多研究成果。常见的任务分解技术包括：递归分解(Recursive Decomposition)、数据分解(Data Decomposition)、探测性分解(Exploratory Decomposition)、推测性分解(Speculative Decomposition)和混合分解(Hybrid Decompositions)。

2) 通信(Communication)

在任务分解步骤完成后，大任务被分解为若干可并行执行的子任务，这些子任务可以并行执行，但并不意味着它们之间是完全独立的。在执行一些子任务时，可能会用到其他子任务的数据，这种在任务间发生的数据交换即为通信(Communication)，支持通信进行的连接即为上面提到的通道(Channel)。通信设计阶段的第一步就是设计子任务间的通道连接关系，即形成任务通道拓扑；第二步是定义在这些通道中产生的消息格式和发送接收方式。通信设计的核心就是设计出一种高效的通道拓扑和消息传递方式，以支持整个任务的高效执行。通信设计的模式可以从四个不相交的维度进行，在实际运用中这四个维度的一个或多个可能会同时需要设计者进行考量。这四个维度是：

(1) 局部与全局：局部是指每个子任务只需要与拓扑图中直接相连的子任务进行通信；全局是指子任务可能需要与大量非直接相连的子任务进行通信。

(2) 结构化与非结构化：结构化是指在任务间的消息传递拓扑形成的是有规则的结构，如树或网格；非结构化的通信则为一个无规则的网状结构。

(3) 静态与动态：静态通信结构中所有通道的通信双方不发生变化；而动态结构下有可能在运算过程中发生变化。

(4) 同步与异步：同步通信中消息的发送方和接收方协调同步地进行消息的发送和接收；而在异步通信中接收方则可以与发送方无关地接收消息。

3) 任务聚合(Agglomeration)

在前两个阶段中，设计者可以抛开执行最终并行计算的实际环境限制进行算法设计。当进入任务聚合阶段后，设计者就需要仔细考虑实际环境中的各种限制因素进行优化，以最终实现高效的并行算法。任务聚合是将前面阶段划分出的细粒度子任务组合成粗粒度的较大子任务，以达到以下三个目标。

(1) 扩大任务粒度：以避免大量细粒度任务带来的额外过量通信开销和任务创建开销，从而提高算法的性能。

(2) 保持算法可扩展度：在任务聚合时要避免过度聚合，保持足够的任务数量，以适应算法规模和运行环境的变化，以及利用任务间执行与通信的时间交错性提高算法性能。

(3) 降低程序实现复杂度：过细粒度的任务划分通常会增加程序实现的复杂度，任务聚合需要通过一定的组合方式避免程序实现的复杂度过高。

(4) 处理器映射(Mapping)：并行算法设计的最后一步，是决定如何将拆分好的子任务指派到特定的处理器执行，即处理器映射。处理器映射算法的设计目标就是降低完成整个计算任务的处理器执行时间。为了达到这个目标，设计者需要仔细规划以优化以下两个目标。

① 提高并行度，即尽量将那些可以并发执行的任务分配到不同的处理器中执行，以充分利用不同处理器的并行处理能力，降低执行时间。

② 提高局部执行效率，即尽量将互相之间会产生频繁通信的任务分配在同一个处理器执行，以避免这些任务在不同处理器中增加额外的通信开销。

实际上，提高并行度与提高局部执行效率这两个目标有时候是相互冲突的，这个时候就需要设计者在两者之间进行权衡，以获得最佳效果。在处理区域分解方式划分出的子任务时，通常会面临以下几种情况。

① 解聚合后的任务组具有相同的子任务数量，且任务间通常具有结构化特征，这种情况下采用处理器间通信最小化的映射策略，即可满足要求。

② 当分解出的子任务无法聚合为具有相同数量的任务组合，或者任务间的通信是非结构化时，往往需要采用负载均衡算法对子任务进行分配，以找到最优方案。

③ 最复杂的情况是子任务数量、通信拓扑在计算过程中会动态变化时，需要根据动态变化的阶段使用不同的动态负载均衡算法进行任务聚合和处理器映射。

对于采用功能分解方式划分的子任务，通常需要使用任务调度算法在不同处理器间进行任务的动态调配，以充分利用处理器的处理能力。

### 3. 并行编程

基于以上设计的并行算法，要能够变成代码并执行必须依赖具备可编程环境的并行机，程序设计人员将并行算法通过并行编程环境编制为程序并运行，最终得到计算结果。并行编程环境需要为程序员提供以下条件：算法的代码实现；高效的程序运行；方便的调试手段；模块化组件及软件开发的全生命周期管理。这些条件大部分与普通的编程环境没有太大区别，但并行计算的特性也给并行编程环境带来了一些独有的特性，包括：

(1) 并发与通信控制。并行程序需要创建和管理成千上万的独立线程，如何保证这些线程的并发运行和正常通信，并降低程序员的编程难度，是并行编程环境的独到之处。

(2) 高性能支持。并行计算的出发点就是为了获得计算的高性能，因此并行编程环境必须从编程模型、编译方法和调试工具等方面为并行编程人员提供支持。

(3) 对多样化架构的支持。由于并行计算的复杂性，并行编程环境需要面临的底层架构也具有多样性，编程环境必须适应这些不同的架构并隐藏编程人员无需关注的底层细节，以保障高效的程序开发过程。

在当前并行机上，比较流行的并行编程环境分为三类，即消息传递(Message Passing)、共享存储(Shared Memory)和数据并行(Data Parallelism)，表 3-7 给出了其特征的比较。

表 3-7　三类并行编程环境的比较

| 特　征 | 消息传递 | 共享存储 | 数据并行 |
|---|---|---|---|
| 典型代表 | MPI、PVM | OpenMP | HPF |
| 可移植性 | 所有流行并行机 | SMP、DSM | SMP、DSM、MPP |
| 并行粒度 | 进程级大粒度 | 线程级细粒度 | 进程级细粒度 |
| 并行操作方式 | 异步 | 异步 | 松散同步 |
| 数据存储模式 | 分布式存储 | 共享存储 | 共享存储 |
| 数据分配方式 | 显式 | 隐式 | 半隐式 |
| 学习入门难度 | 较难 | 容易 | 偏易 |
| 可扩展性 | 好 | 较差 | 一般 |

由表 3-7 可知，共享存储并行编程基于线程级细粒度并行，仅被 SMP 和 DSM 并行机所支持，可移植性不如消息传递并行编程。但是，由于它们支持数据的共享存储，因此并行编程的难度较小，但一般情形下当处理机个数较多时，其并行性能明显不如消息传递编程。

消息传递并行编程基于大粒度的进程级并行，具有最好的可移植性，几乎被当前流行的各类并行机所支持，且具有很好的可扩展性。但是，消息传递并行编程只能支持进程间的分布存储模式，即各个进程只能直接访问其局部内存空间，而对其他进行的局部内存空间的访问只能通过消息传递来实现。

并行机、并行算法和并行编程环境这三个重要部分构成了完整的并行计算系统，衡量一个并行计算系统对某一计算任务的处理能力，通常从以下几个指标进行考量。

(1) 执行时间。并行系统的执行时间为处理该计算任务从起始到结束时所经历的时间，记为 $T_p$，该值越小越好。作为一个参考指标，此计算任务采用串行方式执行所需要的时间，记为 $T_s$。

(2) 并行化额外开销时间。将计算任务并行化处理后，可能会因为任务创建或任务通信等工作带来额外的开销，这一时间记为 $T_o$，该值越小越好，其计算公式为

$$T_o = p \times T_p - T_s$$

其中，$p$ 为此并行系统中的处理器数量。

(3) 加速比。加速比 $S$ 代表了并行化后带来的直接收益，该值越大性能越好，其计算公式为

$$S = \frac{T_s}{T_p}$$

(4) 并行效率。并行效率 $E$ 代表了并行系统中各处理器的并行化利用效率，该值越接近于 1 越好，其计算公式为

$$E = \frac{S}{p}$$

(5) 成本。成本 $C$ 的定义为并行执行时间与处理器数量的乘积，其计算公式为

$$C = T_p \times p$$

成本通常用来计算一个并行系统是否为成本优化型的。成本优化型的并行系统要求在所解决的计算任务规模增长时，成本 $C$ 与串行计算时间 $T_s$ 之比为常数。

# 3.6　分布式计算

## 3.6.1　分布式计算简介

随着信息化项目中数据的飞速增长，一些大任务要求计算机能应付大量的计算任务，此时单机并行计算或多机并行计算，尤其对于分散系统(即由一组计算机通过计算机网络相互连通后形成的系统)的计算显示出局限性。分布式计算就是将计算任务分摊到大量的计算节点上，一起完成海量的计算任务。而分布式计算的原理和并行计算类似，就是将一个复杂而庞大的计算任务划分为一个个小任务，各任务并行执行。只是分布式计算会将这些任务分配到不同的计算节点上，每个计算节点只需要完成自己的任务即可，可以有效分担海量的计算任务。而每个计算节点也可以并行处理自身的任务，更加充分利用机器的 CPU 资源，最后将每个节点计算结果汇总，直到得出最终的计算结果。

### 1. 分布式计算的步骤

划分计算任务以支持分布式计算，很多时候看起来较为困难。但人们逐渐发现这样做确实是可行的，而且随着计算任务量和计算节点的增加，这种划分体现出来的价值会越来越大。分布式计算一般分为以下几步：

1）设计分布式计算模型

首先要规定分布式系统的计算模型，其决定了系统中各个组件应该如何运行，各组件之间应该如何进行消息通信，组件和节点应该如何管理等。

2）分布式任务分配

分布式算法不同于普通算法。普通算法通常是按部就班地一步接一步完成任务，而在分布式计算中计算任务是分摊到各个节点上的。该算法着重解决的是能否分配任务，如何分配任务的问题。

3）编写并执行分布式程序

(1) 计算任务的划分。

分布式计算的特点就是多个节点同时运算，因此如何将复杂算法优化分解成适合于每个节点计算的小任务，并回收节点的计算结果就成了问题。尤其是并行计算的最大特点是希望节点之间的计算互不干扰，这样可以保证各个节点以最快速度完成计算。一旦出现节点之间的等待，往往会拖慢整个系统的速度。

(2) 多个节点之间的通信方式。

另一个难点是节点之间如何高效通信。虽然在划分计算任务时最好确保计算任务互不相干，这样每个节点可以各自为政，但大多数时候各节点之间还是需要相互通信的，如获取对方的计算结果等。一般有两种解决方案：第一种是利用消息队列将节点之间的依赖变成节点之间的消息传递；第二种是利用分布式存储系统，将节点的执行结果暂时存放在数据库中，其他节点等待或者从数据库中获取数据。事实上，无论哪种方式，只要符合实际需求都是可行的。

**2. 分布式计算的优点**

分布式计算是在两个或多个软件中互相共享信息，这些软件既可以在同一台计算机上运行，也可以在通过网络连接起来的多台计算机上运行。分布式计算与其他算法相比具有以下优点：

(1) 稀有资源可共享；

(2) 通过分布式计算可在多台计算机上平衡计算负载；

(3) 可将程序放在最适合其运行的计算机上。

其中，共享稀有资源和平衡负载是计算机分布式计算的核心思想之一。

## 3.6.2　分布式计算的理论基础

**1. CAP 理论**

2000 年 7 月，加州大学伯克利分校的 Eric Brewer 教授在 ACM PODC 会议上提出 CAP 猜想。两年后，麻省理工学院的 Seth Gilbert 和 Nancy Lynch 从理论上证明了 CAP，而后 CAP 理论正式成为分布式计算领域的公认定理。

一个分布式系统不可能同时满足一致性 C(Consistency)、可用性 A(Availability)和分区容错性 P(Partition Tolerance)这三个基本需求，最多只能同时满足其中两项，如图 3-14 所示。

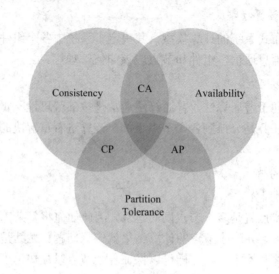

图 3-14　CAP 理论

(1) 一致性(Consistency)。一致性指"All nodes see the same data at the same time",即更新操作成功并返回客户端完成后所有节点在同一时间的数据完全一致。

(2) 可用性(Availability)。可用性指"Reads and writes always succeed",即服务一直可用,而且是正常响应时间。

(3) 分区容错性(Partition Tolerance)。分区容错性指"The system continues to operate despite arbitrary message lossor failure of part of the system",即分布式系统在遇到某节点或网络分区故障的时候,仍然能够对外提供满足一致性和可用性的服务。

通过 CAP 理论,我们知道无法同时满足一致性、可用性和分区容错性这三个特性,那么要舍弃哪个呢?

(1) CA without P:如果不要求 P(不允许分区),则 C(一致性)和 A(可用性)是可以保证的。但其实分区不是你想不想的问题,而是始终会存在。因此,CA 系统更多的是允许分区后各子系统依然保持 CA。

(2) CP without A:如果不要求 A(可用性),相当于每个请求都需要在 Server 之间强一致,而 P(分区)会导致同步时间无限延长,如此 CP 也是可以保证的。很多传统的数据库分布式事务都属于这种模式。

(3) AP without C:要高可用并允许分区,则需放弃一致性。一旦分区发生,节点之间可能会失去联系,为了高可用,每个节点只能用本地数据提供服务,而这样会导致全局数据的不一致性。现在众多的 NoSQL 都属于此类。

对于多数大型互联网应用的场景,主机众多、部署分散,而且现在的集群规模越来越大,所以节点故障、网络故障是常态。为保证服务可用性,通常的做法是保证 P 和 A,而舍弃 C(或者退而求其次只保证最终一致性)。

对于涉及财务钱款等不能出现操作不一致的重要场景,则必须保证 C。此时如果网络发生故障,宁可停止服务,即保证 CA,舍弃 P。还有一种是保证 CP,舍弃 A,如网络故障时只读不写。

### 2. BASE 理论

BASE 是 Basically Available(基本可用)、Soft State(软状态)和 Eventually Consistent(最终一致性)三个短语的缩写。BASE 理论是对 CAP 中一致性和可用性权衡的结果，其来源于对大规模互联网系统分布式实践的总结，是基于 CAP 理论逐步演化而来的。BASE 理论的核心思想是使每个应用都可以根据自身业务特点，采用适当的方式来使系统达到最终一致性。BASE 中的三要素如下：

1) 基本可用

基本可用是指分布式系统在出现不可预知故障的时候允许损失部分可用性，应注意的是这绝不等价于系统不可用。比如：① 响应时间上的损失。正常情况下，一个在线搜索引擎需要在 0.5 s 之内返回给用户相应的查询结果，但由于出现故障时查询结果的响应时间增加了 1 s～2 s。② 系统功能上的损失。正常情况下，在一个电子商务网站上进行购物的时候，消费者几乎能够顺利完成每一笔订单，但是在一些节日大促购物高峰的时候，由于消费者的购物行为激增，为了保护购物系统的稳定性，部分消费者可能会被引导到一个降级页面。

2) 软状态

软状态指允许系统中的数据存在中间状态，并认为该中间状态的存在不会影响系统的整体可用性，即允许系统在不同节点的数据副本之间进行数据同步的过程存在延时。

3) 最终一致性

最终一致性强调的是所有的数据副本，在经过一段时间的同步之后，最终都能够达到一个一致的状态。因此，最终一致性的本质是需要系统保证最终数据能够达到一致，而不需要实时保证系统数据的强一致性。

总的来说，BASE 理论面向的是大型高可用、可扩展的分布式系统，与传统的事物 ACID 特性是相反的，它完全不同于 ACID 的强一致性模型，而是通过牺牲强一致性来获得可用性，并允许数据在一段时间内是不一致的，但最终达到一致状态。同时，在实际的分布式场景中不同业务单元和组件对数据一致性的要求是不同的，因此在具体的分布式系统架构设计过程中 ACID 特性和 BASE 理论往往又会结合在一起。

### 3. 一致性散列

一致性散列也是分布式系统当中常用的均衡负载技术，是由麻省理工学院在 1997 年提出的一种分布式哈希(DHT)实现算法，设计目标是为了解决因特网中的热点(Hotspot)问题，初衷和 CARP 十分类似。一致性哈希修正了 CARP 使用的简单哈希算法带来的问题，使分布式哈希(DHT)可以在 P2P 环境中真正得到应用。

# 3.7　MapReduce 模型

## 3.7.1　MapReduce 由来

MapReduce 最早是由 Google 公司研究提出的一种面向大规模数据处理的并行计算模

型和方法。Google 公司设计 MapReduce 的初衷主要是为了解决其搜索引擎中大规模网页数据的并行化处理。Google 公司发明了 MapReduce 之后，首先用其重新改写了其搜索引擎中的 Web 文档索引处理系统，此后，又进一步将其广泛应用于很多大规模数据的处理问题。到目前为止，Google 公司内有上万种不同的算法和程序都使用 MapReduce 进行处理。

2003 年和 2004 年，Google 公司在国际会议上分别发表了两篇关于 Google 分布式文件系统和 MapReduce 的论文，公布了 Google 的 GFS 和 MapReduce 的基本原理及主要设计思想。

Google 的 MapReduce 论文里指出："Our abstraction is inspired by the map and reduce primitives present in Lisp and many other functional languages"。这句话提到了 MapReduce 思想的渊源，大致意思是 MapReduce 的灵感来源于函数式语言(比如 Lisp)中的内置函数 Map 和 Reduce。简单来说，在函数式语言里 Map 表示对一个列表(List)中的每个元素做计算，Reduce 表示对一个列表中的每个元素做迭代计算。它们的具体计算是通过传入的函数来实现的，Map 和 Reduce 提供的是计算的框架。Map 是对列表中每个元素做单独处理的，列表中可以是杂乱无章的数据。进入 Reduce 阶段，数据是以 Key 后面跟着若干个 Value 来组织的。

2004 年，开源项目 Lucene(搜索索引程序库)和 Nutch(搜索引擎)的创始人 Doug Cutting，发现 MapReduce 正是其所需要的解决大规模 Web 数据处理问题的重要技术，因而模仿 Google MapReduce，基于 Java 设计开发了一个名为 Hadoop 的开源 MapReduce 并行计算框架和系统。自此，Hadoop 成为 Apache 开源组织下最重要的项目，很快得到了全球学术界和工业界的普遍关注，并得到推广和普及应用。

MapReduce 的推出给大数据并行处理带来了巨大的革命性影响，使其成为事实上的大数据处理的工业标准。尽管 MapReduce 还有很多局限性，但人们普遍公认，MapReduce 是到目前为止最为成功、最广为接受和最易于使用的大数据并行处理技术。MapReduce 的发展普及和带来的巨大影响远远超出了发明者和开源社区当初的意料，以至于马里兰大学教授 Jimmy Lin 2010 年出版的《Data-Intensive Text Processing with MapReduce》一书中提出："MapReduce 改变了我们组织大规模计算的方式，它代表了第一个有别于冯·诺依曼结构的计算模型，是在集群规模而非单个机器上组织大规模计算的新的抽象模型上的第一个重大突破，是到目前为止所见到的最为成功的基于大规模计算资源的计算模型。"

### 1. 什么是 MapReduce

MapReduce 是面向大数据并行处理的计算模型、框架和平台，隐含以下三层含义：

(1) MapReduce 是一个基于集群的高性能并行计算平台(Cluster Infrastructure)，允许用市场上普通的商用服务器构成一个包含数十、数百乃至数千个节点的分布和并行计算集群。

(2) MapReduce 是一个并行计算与运行软件框架(Software Framework)，提供了一个庞大且设计精良的并行计算软件框架，能自动完成计算任务的并行化处理，自动划分计算数据和计算任务，在集群节点上自动分配和执行任务及收集计算结果，将数据分布存储、数据通信及容错处理等并行计算涉及的很多系统底层的复杂细节交由系统负责处理，大大减少了软件开发人员的负担。

(3) MapReduce 是一个并行程序设计模型与方法(Programming Model & Methodology)，

借助于函数式程序设计语言 Lisp 的设计思想，提供了一种简便的并行程序设计方法，用 Map 和 Reduce 两个函数编程实现了基本的并行计算任务，提供了抽象的操作和并行编程接口，可简单方便地完成大规模数据的编程和计算处理。

### 2. MapReduce 的主要功能

#### 1) 数据划分和计算任务调度

系统自动将一个作业(Job)待处理的大数据划分为很多个数据块，每个数据块对应一个计算任务(Task)，并通过自动调度计算节点来处理相应的数据块。作业和任务调度功能主要负责分配和调度计算节点(即 Map 节点或 Reduce 节点)，同时负责监控这些节点的执行状态，并负责 Map 节点执行的同步控制。

#### 2) 数据/代码互定位

为了减少数据通信，一个基本原则是本地化数据处理，即一个计算节点尽可能处理其本地磁盘上所分布存储的数据，这实现了代码向数据的迁移；当无法进行这种本地化数据处理时，寻找其他可用节点并将数据从网络上传送给该节点(数据向代码迁移)，但将尽可能从数据所在的本地机架上寻找可用节点，以减少通信延迟。

#### 3) 系统优化

为了减少数据通信开销，中间结果数据进入 Reduce 节点前会进行一定的合并处理。一个 Reduce 节点所处理的数据可能会来自多个 Map 节点。为了避免 Reduce 计算阶段发生数据相关性，Map 节点输出的中间结果需使用一定的策略进行适当的划分处理，保证相关性数据发送到同一个 Reduce 节点。此外，系统还进行一些计算性能优化处理，如对最慢的计算任务采用多备份执行，选最快完成者作为结果。

#### 4) 出错检测和恢复

在以低端商用服务器构成的大规模 MapReduce 计算集群中，节点硬件(如主机、磁盘、内存等)出错和软件出错是常态，因此 MapReduce 需要能检测并隔离出错节点，并调度分配新的节点接管出错节点的计算任务。同时，系统还将维护数据存储的可靠性，用多备份冗余存储机制提高数据存储的可靠性，并能及时检测和恢复出错的数据。

### 3. MapReduce 的两个版本

引入 YARN(Yet Another Resource Negotiator)作为通用资源调度平台后，Hadoop 得以支持多种计算框架，如 MapReduce、Spark、Storm 等。MRv1 是 Hadoop1 中的 MapReduce，MRv2 是 Hadoop2 中的 MapReduce。

MRv1 包括三部分，即运行时环境(JobTracker 和 TaskTracker)、编程模型(MapReduce)和数据处理引擎(Map 任务和 Reduce 任务)。在 MRv1 中，JobTracker 是个重量级组件，集中了资源管理分配和作业控制两大核心功能。随着集群规模的增大，JobTracker 需要处理各种 RPC 请求，会导致其负载过重，这也是系统的最大瓶颈，严重制约了 Hadoop 集群的扩展性。

MRv2 重用了 MRv1 中的编程模型和数据处理引擎，但是运行时环境借助 YARN 进行重构。YARN 将 JobTracker 功能进行了拆分，拆分为全局组件 ResourceManager、应用组件 ApplicationMaster 和 JobHistoryServer。ResourceManager 负载整个系统资源的管理和分配，ApplicationMaster 负载单个应用程序的相关管理(Job 的管理)，JobHistoryServer 负载日志的展示和收集工作。YARN 的这种功能拆分将减轻 Master 节点的负载，其处理 RPC 请求的压力得到减少。

### 3.7.2　MapReduce 编程模型

MapReduce 是 Hadoop 上并行程序开发的编程基础，下面将重点说明 MapReduce 的原理与处理过程，并对 MapReduce 实例 WordCount 进行解析。

#### 1. MapReduce 模型

从 MapReduce 的命名特点可以看出，MapReduce 由两个阶段组成(即 Map 和 Reduce)。用户只需编写 Map()和 Reduce()两个函数，即可完成简单的分布式程序的设计。

Map 函数以 Key/Value 对作为输入，产生另外一系列 Key/Value 对作为中间输出写入本地磁盘。MapReduce 框架会自动把这些中间数据按照 Key 值进行聚集，且 Key 值相同(用户可设定聚集策略，默认情况下是对 Key 值进行哈希取模)的数据被统一交给 Reduce 函数处理。Reduce 函数以 Key 及对应的 Value 列表作为输入，经合并 Key 相同的 Value 值后，产生另一系列 Key/Value 对作为最终输出写入 HDFS，如图 3-15 所示。

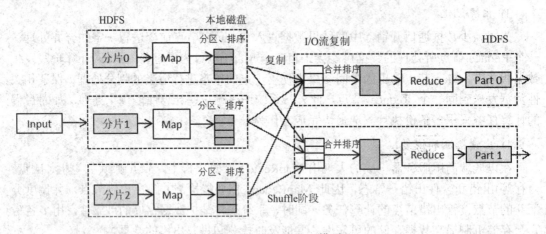

图 3-15　MapReduce 模型

对于某些任务来说，可能并不需要 Reduce 过程，只需要对文本每一行数据做简单的格式转换，那么 Map 任务处理后直接存入 HDFS 就可以了。对于大部分任务来说，都是需要 Reduce 过程的，并且由于任务繁重会启动多个 Reduce 任务(默认为 1，根据任务量用户可以自己设置合适的 Reduce 的数量)来汇总。如果只用一个 Reduce 任务来计算所有 Map 结果，就会导致 Reduce 负载过重，成为性能瓶颈。具体过程如下：

(1) 输入数据(待处理)首先会被切割分片，每一个分片都会复制多份到 HDFS 中。图 3-15 默认的是分片已经存在于 HDFS 中。

(2) Hadoop 会在存储有输入数据分片(HDFS 中的数据)的节点上运行 Map 任务，可以获得最佳性能(数据 TaskTracker 优化后可节省带宽)。

(3) 在执行完 Map 任务后，可以看到数据并不是存回 HDFS，而是直接存在了本地磁盘上。因为 Map 输出数据是中间数据，该中间数据由 Reduce 任务处理之后才会产生最终的输出结果，Reduce 任务完成之后这些数据是要被删除掉的。

(4) Map 的输出结果会在本地进行分区和排序，这是为之后的 Reduce 阶段做准备。分区方法常用的是对 Key 值进行 Hash 转换之后求模，这样就可以将相同 Key 值的数据放在同一个分区，Reduce 阶段同一个分区的数据会被安排到同一个 Reduce 中。

(5) 如果有必要，就可以在 Map 阶段设置 Combine 方法。Combine 方法与 Reduce 方法的函数体是同一个(做的事是一样的)，只不过 Combine 方法针对的对象只是当前 Map 中 Key 值相同的数据，而 Reduce 方法处理的是所有输入数据中相同的 Key 对应的数据。也就是说，它只是 Reduce 的一个小分身。这么做的目的是为了减轻从 Map 阶段到 Reduce 阶段的 I/O 传送负担，也是节省带宽的一种方式(做了 Combine 优化之后，传送的数据量会大大减少)。

(6) 每一个 Reduce 任务都会将所有 Map 对应分区的数据通过 I/O 复制过来，并进行合并。合并的过程包含排序的过程，因为要将相同 Key 值对应的数据统一处理。在 Reduce 计算阶段，Reduce 的输入键是 Key，而输入值是相同的 Key 数据对应的 Value 所构成的一个迭代器数据结构。

(7) 经过 Reduce 处理后，最后的输出结果就是我们想要的结果。该输出会存储在 HDFS 中，第一块副本存储在本地节点上，其他副本存储在其他机架节点中。进一步可以将这些输出结果作为另一个 MapReduce 任务的输入，进行更多的任务计算。

### 2. Shuffle 过程

Shuffle 过程是 MapReduce 的核心，也被称为奇迹发生的地方。要想理解 MapReduce，Shuffle 是必须要了解的。所谓 Shuffle，指的是对 Map 输出结果进行分区、排序、合并等处理并交给 Reduce 过程。由此，Shuffle 过程分为 Map 端的操作和 Reduce 端的操作，如图 3-16 所示。在 Map 端，Shuffle 过程是对 Map 的结果进行分区(Partition)、排序(Sort)和分割(Spill)，然后将属于同一个划分的输出合并(Merge)在一起并写在硬盘上，同时按照不同的划分将结果发送给对应的 Reduce(Map 输出的划分与 Reduce 的对应关系由 JobTracker 确定)。在 Reduce 端，Shuffle 阶段可以分为三个阶段：复制 Map 输出、排序合并(Merge)和 Reduce 处理。

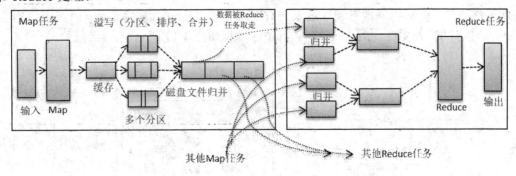

图 3-16　Shuffle 过程

1) Map 端的 Shuffle 过程

(1) 执行 Map。输入数据一般是 HDFS 文件，这些文件格式是任意的。Map 任务接收 <Key,Value>作为输入，按一定映射规则转换成一批<Key,Value>输出。

(2) 缓存写入。Map 过程的输出是先写入内存中(即缓冲区)，缓存的好处就是减少磁盘 I/O 的开销，提高合并和排序的速度。默认的内存缓冲大小是 100 MB(可以配置)，所以在书写 Map 函数的时候要尽量减少内存的使用，为 Shuffle 过程预留更多的内存，因为该过程最为耗时。

(3) 溢写(Spill)。当缓冲的内存大小使用超过一定的阈值(默认 80%)时，一个后台的线程就会启动把缓冲区中的数据写入(Spill)到磁盘中，往内存中写入的线程继续写入直到缓冲区被写满，缓冲区满后线程阻塞，直至缓冲区被清空。

在数据 Spill 到磁盘的过程中，首先要对数据分区。MapReduce 提供 Partitioner 接口，其作用就是根据 Key 或 Value 及 Reduce 的数量来决定当前的这对输出数据最终应该交由哪个 Reduce 任务处理。默认对 Key Hash 后再以 Reduce 任务数量取模。

对于分区内的所有<Key,Value>对，后台线程会根据 Key 进行内存排序(Sort)，排序是 MapReduce 模型默认的行为，这里的排序也是对序列化的字节做的排序。排序后如果用户作业配置了 Combiner 类,那么在写出过程中会先对 Sort 的结果做进一步的合并(Combine)，目的是为了减少溢写到磁盘的数据量。Combiner 的输出就是 Reduce 的输入。

(4) 文件归并。每次溢写会在磁盘上生成一个溢写文件。如果 Map 的输出结果真的很大，有多次这样的溢写发生，磁盘上相应地就会有多个溢写文件存在。当 Map 任务真正完成时，内存缓冲区中的数据也全部溢写到磁盘中，形成一个大的溢写文件。最终磁盘中会至少有一个这样的溢写文件存在(如果 Map 的输出结果很少，当 Map 执行完成时只会产生一个溢写文件)，这个溢写文件的键对值也是经过分区和排序的。由此，将这些溢写文件归并到一起，这个过程就称为 Merge。

经过上述四个过程，Map 端的 Shuffle 全部完成，生成一个大文件存放在本地磁盘上。根据大文件中不同的分区，会被发送到不同的 Reduce 任务进行处理。

2) Reduce 端的 Shuffle 过程

当 MapReduce 任务提交后，Reduce 任务就不断通过 RPC 从 JobTracker 那里获取 Map 任务是否完成的信息。如果获知某台 TaskTracker 上的 Map 任务执行完成，Shuffle 的后半段过程就开始启动。Reduce 任务在执行之前的工作就是不断领取当前 Job 里每个 Map 任务的最终结果，并对不同地方领取过来的数据不断做 Merge，最终形成一个文件，作为 Reduce 任务的输入文件。Reduce 端的 Shuffle 过程如图 3-17 所示。

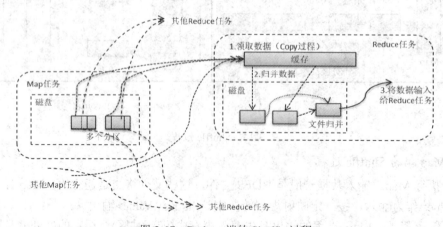

图 3-17　Reduce 端的 Shuffle 过程

(1) Copy 过程。Copy 过程就是简单地领取数据。Reduce 任务通过 RPC 向 JobTracker 询问 Map 任务是否已经完成。若完成，Reduce 进程启动一些数据 Copy 线程(Fetcher)，通过 HTTP 方式请求 Map 任务所在的 TaskTracker 获取 Map 任务的输出文件。因为 Map 任务早已结束，这些文件就归 TaskTracker 管理在本地磁盘中。

(2) Merge 过程。这里的 Merge 如 Map 端的 Merge 动作，只是数组中存放的是不同 Map 端 Copy 过来的数据。Copy 过来的数据会先放入内存缓冲区中，这里缓冲区的大小设置要比在 Map 端更为灵活，可以基于 JVM 的堆大小(Heap Size)进行设置。因为 Shuffle 阶段的 Reduce 不运行，所以应该把绝大部分的内存都给 Shuffle 使用。Merge 的三种形式包括内存到内存、内存到磁盘和磁盘到磁盘。

默认情况下，第一种形式不启用。当内存中的数据量达到一定的阈值时，就启动内存到磁盘的 Merge。与 Map 端类似，这也是溢写过程。当然如果这里设置了 Combiner，也是会启动的，然后在磁盘中生成了众多的溢写文件。第二种 Merge 方式一直在运行，直到没有 Map 端的数据时才结束，然后启动第三种磁盘到磁盘的 Merge 方式生成最终的那个文件。

(3) Reduce 的输入文件。不断地 Merge 后，最终会生成一个"最终文件"。这个最终文件可能在磁盘中或内存中。当然它在内存中可直接作为 Reduce 任务的输入，但默认情况下这个文件是存放于磁盘中的。当 Reduce 任务的输入文件已定，整个 Shuffle 才最终结束。然后就是 Reduce 任务执行，结果将存放到 HDFS 上。

### 3. WordCount 词频统计

下面以 MapReduce 中的"HelloWorld"程序 WordCount 为例，介绍程序设计方法。

"HelloWorld"程序是学习任何一个编程语言编写的第一个程序，其简单且易于理解，能够帮助读者快速入门。同样，分布式处理框架也有其"HelloWorld"程序(WordCount)。该程序完成的功能是统计输入文件中每个单词出现的次数。在 MapReduce 中可以这样编写(伪代码)。其中 Map 部分如下：

```
// key: 字符串偏移量
//value: 文件中一行字符串的内容
  map(string key, string value)
//将字符串分割成单词
  words = splitintoToken (value),
//将一组单词中每个单词赋值给 w
  For each word win words
//输出 key/value(key 为 w，value 为"1")
  Emit Intermediate(w, "1");
Reduce 部分如下：
//key:一个单词
il values 单词出现的次数列表
Reduce( string key，iterator values):
    int resuit;
    for each v in values
```

result+=stringToint (v);

Emit (key,IntToStrmg(result));

用户编写完 MapReduce 程序后，按照一定的规则指定程序的输入和输出目录，并提交到 Hadoop 集群中，Hadoop 将输入数据切分成若干个输入分片(Split)后，将每个 Split 交给一个 Map 任务处理。Map 任务不断地从对应的 Split 中解析出一个个 Key/Value，并调用 Map 函数处理，处理后根据 Reduce 任务个数将结果分成若干个分片(Partition)写到本地磁盘。同时，每个 Reduce 任务从每个 Map 任务上读取属于自己的那个 Partition，然后使用基于排序的方法将 Key 相同的数据聚集在一起，调用 Reduce 函数处理，并将结果输入文件中，过程如图 3-18 所示。

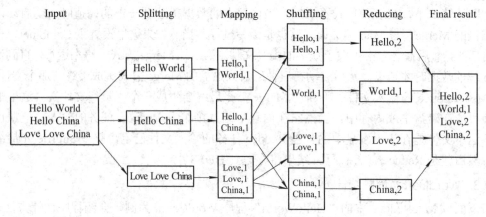

图 3-18　WordCount MapReduce 过程

### 3.7.3　YARN/MapReduce2

从业界使用分布式系统的变化趋势和 Hadoop 框架的长远发展来看，MapReduce 的 JobTracker/TaskTracker 机制需要大规模的调整来修复其可扩展性、内存消耗、线程模型、可靠性和性能上的缺陷。在过去的几年中，Hadoop 开发团队做了一些 Bug 的修复，但是这些修复的成本越来越高，这表明对原框架做出改变的难度越来越大。为从根本上解决旧的 MapReduce 框架的性能瓶颈，促进 Hadoop 框架的更长远发展，从 0.23.0 版本开始，Hadoop 的 MapReduce 框架完全重构，发生了根本的变化。新的 Hadoop MapReduce 框架命名为 MapReduce v2 或称 YARN。

**1. YARN 的基本组成**

从 YARN 的架构图来看,它主要由 ResourceManager、ApplicationMaster、NodeManager 和 Container 等组件构成。

**1) ResourceManager(RM)**

YARN 分层结构的本质是 ResourceManager。这个实体控制整个集群，并管理应用程序向基础计算资源的分配。ResourceManager 将各个资源部分(计算、内存、带宽等)精心安排给基础 NodeManager(YARN 的单节点代理)。ResourceManager 还与 ApplicationMaster 一起分配资源，与 NodeManager 一起启动和监视它们的基础应用程序。ApplicationMaster 承担了以前 TaskTracker 的一些角色，ResourceManager 则承担了 JobTracker 的角色。

总的来说，RM 有以下作用：

(1) 处理客户端请求；

(2) 启动或监控 ApplicationMaster；

(3) 监控 NodeManager；

(4) 资源的分配与调度。

2) ApplicationMaster(AM)

ApplicationMaster 管理在 YARN 内运行的每个应用程序实例。ApplicationMaster 负责协调来自 ResourceManager 的资源，并通过 NodeManager 监视容器的执行和资源使用(CPU、内存等的资源分配)。请注意，尽管目前的资源更加传统(CPU 核心、内存)，但未来会带来基于手头任务的新资源类型(比如图形处理单元或专用处理设备)。从 YARN 角度讲，ApplicationMaster 是用户代码，因此存在潜在的安全问题。YARN 假设 ApplicationMaster 存在错误甚至是恶意的，因此将其当作无特权的代码对待。

总的来说，AM 有以下作用：

(1) 负责数据的切分；

(2) 为应用程序申请资源，并分配给内部的任务；

(3) 任务的监控与容错。

3) NodeManager(NM)

NodeManager 管理 YARN 集群中的每个节点。NodeManager 提供针对集群中每个节点的服务，从监督对一个容器的终生管理到监视资源和跟踪节点健康。MRv1 通过插槽管理 Map 和 Reduce 任务的执行，而 NodeManager 管理抽象容器，这些容器代表着可供一个特定应用程序使用的针对每个节点的资源。

总的来说，NM 有以下作用：

(1) 管理单个节点上的资源；

(2) 处理来自 ResourceManager 的命令；

(3) 处理来自 ApplicationMaster 的命令。

4) Container

Container 是 YARN 中的资源抽象，封装了某个节点上的多维度资源(如内存、CPU、磁盘、网络等)。当 AM 向 RM 申请资源时，RM 为 AM 返回的资源便是用 Container 表示的。YARN 会为每个任务分配一个 Container，且该任务只能使用该 Container 中描述的资源。要使用一个 YARN 集群，首先需要一个包含应用程序的客户的请求。ResourceManager 协商一个容器的必要资源，启动一个 ApplicationMaster 来表示已提交的应用程序。通过使用一个资源请求协议，ApplicationMaster 协商每个节点上供应用程序使用的资源容器。执行应用程序时 ApplicationMaster 监视容器直到完成，当应用程序完成时 ApplicationMaster 从 ResourceManager 注销其容器，执行周期就完成了。

### 2. MRv2 架构

MRv2 最基本的设计思想是将 JobTracker 的两个主要功能(即资源管理和作业调度/监控)分成两个独立的进程。在该解决方案中包含两个组件：全局的 ResourceManager(RM)

和与每个应用相关的 ApplicationMaster(AM)。这里的"应用"是指一个单独的 MapReduce 作业或 DAG 作业。RM 和 NodeManager(NM)所在的各个节点共同组成整个数据计算框架。RM 是系统中将资源分配给各个应用的最终决策者，AM 实际上是一个具体的框架库，其任务是与 RM 协商获取应用所需资源和与 NM 合作，以完成执行和监控 Task 的作业。

　　如图 3-19 所示，客户端向 ResourceManager 提交一个 MapReduce 作业，ResourceManager 会在一个 NodeManager 生成对于这个作业的 APP Master，接着这个 APP Master 会向 Resource Manager 去申请执行这个 Job 需要的计算机资源，最终执行相应的 MapReduce 作业。

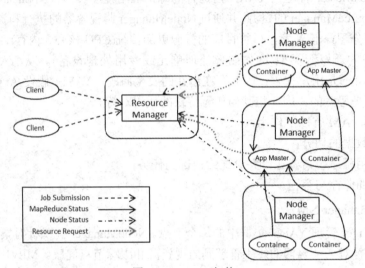

图 3-19　MRv2 架构

### 3. YARN 执行流程

　　YARN 架构中的 MapReduce 任务运行流程主要分为两个阶段：一是 Client 向 Resource Manager 提交任务，ResourceManager 通知相应的 NodeManager 启动 MRAppMaster；二是 MRAppMaster 启动后，由它来调度整个任务的运行，指导任务完成。详细步骤如图 3-20 所示。

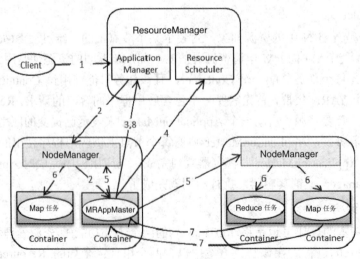

图 3-20　YARN 框架 MapReduce 执行流程

(1) 用户向 YARN 中提交应用程序,包括 ApplicationMaster 程序、启动 ApplicationMaster 的命令、用户程序等。

(2) ResourceManager 为该应用程序分配第一个 Container,并与对应的 NodeManager 通信,要求其在这个 Container 中启动应用程序的 ApplicationMaster。

(3) ApplicationMaster 首先向 ResourceManager 注册,这样用户可以直接通过 Resource Manager 查看应用程序的运行状态,然后将为各个任务申请资源,并监控其运行状态,直到运行结束,即重复步骤(4)~(7)。

(4) ApplicationMaster 采用轮询的方式,通过 RPC 协议向 ResourceManager 申请领取资源。

(5) 一旦 ApplicationMaster 申请到资源后,则与对应的 NodeManager 通信,要求其启动任务。

(6) NodeManager 为任务设置好运行环境(包括环境变量、jar 包、二进制程序等),将任务启动命令写到一个脚本中,并通过运行该脚本启动任务。

(7) 各个任务通过某个 RPC 协议向 ApplicationMaster 汇报自己的状态和进度,使 ApplicationMaster 随时掌握各个任务的运行状态,从而可以在任务失败时重新启动任务。在应用程序运行过程中,用户可随时通过 RPC 向 ApplicationMaster 查询应用程序的当前运行状态。

(8) 应用程序运行完成后 ApplicationMaster 向 ResourceManager 注销,并关闭自己。

### 3.7.4　MapReduce 性能调优

任何一个平台或应用在使用和运行过程中都会有一个性能优化的过程,MapReduce 运行框架和应用也不例外。本节主要介绍 MapReduce 程序常用的性能优化方法,根据系统状况灵活使用这些方法,可能会获得意想不到的性能提高。

#### 1. MapReduce 参数配置优化

在了解可以通过哪些参数配置来提高 MapReduce 程序运行速度前,首先来看一下 MapReduce 的内部运行原理。在掌握内部运行原理后,将可以清晰地理解一些具体参数是如何影响作业和任务执行的,从而能确定如何调整这些参数。MapReduce 内部运行的过程如图 3-15 所示。

Map 函数在执行时输出数据首先保存在缓存中,这个缓存的默认大小是 100 MB,由参数 io.sort.mb 来控制。当缓存使用量达到一定比例时,缓存中的数据将被写入磁盘中,这个比例是由参数 io.sort.spill.percent 控制的。在缓存数据写入磁盘之前,可以看到还有一个分割、排序和合并的过程。缓存中的数据在每次输出到磁盘时会生成一个临时文件,多个临时文件合并后生成一个 Map 输出文件,参数 io.sort.factor 指定最多可以有多少个临时文件被合并到输出文件中。MapReduce 框架中还提供了一个 Combiner 机制以提高数据传输效率,参数 min.num.spills.for.combine 指定了当产生几个临时文件时会执行一次 Combiner 上操作。Map 节点的数据可以通过多个 http 线程的方式传送给 Reduce 节点,tracker.http.threads 可以指定每个 TaskTracker 上的 http 文件传输的线程数量(MapReduce v2 中已取消此功能,改由系统自动控制,要注意区分)。

在 Reduce 阶段，Reduce 节点可以在 Map 任务完成时通过多线程方式读取多个 Map 任务的输出，线程数量可由参数 mapred.reduce.parallel.copies 设定。在 Reduce 任务的 TaskTracker 节点上，可以设置 mapred.job.shuffle.input.buffer.percent 控制读取的 Map 输出数据的缓冲占整个内存的百分比。当缓存中的数据达到 mapred.job.shuffle.merge.percent 设定的数值或超过 Map 的输出阈值(mapred.inmem.merge.threshold)时，缓存中的数据会写入磁盘。数据在进入 Reduce 函数处理之前会先进行合并，MapReduce.task.io.sort.factor (旧版 io.sort.factor)参数指定了多少个 Map 输出数据文件会合并为一个文件，由 Reduce 处理。

除了 Map 阶段和 Reduce 阶段可控制的参数外，还有一些影响作业运行的配置参数(如 JVM 内存大小、文件缓存单元大小等)，将这些参数及调整的原则整理在表 3-8 中，进行性能调优时可以灵活运用。

表 3-8　MapReduce 部分调整参数

| 参数名称 | 缺省值 | 说　明 |
|---|---|---|
| MapReduce.job.name | | 作业名称 |
| MapReduce.job.priority | NORMAL | 作业优先级 |
| yarn.app.MapReduce.am.resource.mb | 1536 | MR ApplicationMaster 占用的内存量 |
| yarn.app.MapReduce.am.resource.cpu-vcores | 1 | MR ApplicationMaster 占用的虚拟 CPU 个数 |
| MapReduce.am.max-attempts | 2 | MR ApplicationMaster 最大失败尝试次数 |
| MapReduce.map.memory.mb | 1024 | 每个 Map 任务需要的内存量 |
| MapReduce.map.cpu.vcores | 1 | 每个 Map 任务需要的虚拟 CPU 个数 |
| MapReduce.map.maxattempts | 4 | Map 任务最大失败尝试次数 |
| MapReduce.reduce.memory.mb | 1024 | 每个 Reduce 任务需要的内存量 |
| MapReduce.reduce.cpu.vcores | 1 | 每个 Reduce 任务需要的虚拟 CPU 个数 |
| MapReduce.reduce.maxattempts | 4 | Reduce 任务最大失败尝试次数 |
| MapReduce.map.speculative | false | 是否对 Map 任务启用推测执行机制 |
| MapReduce.reduce.speculative | false | 是否对 Reduce 任务启用推测执行机制 |
| MapReduce.job.queuename | default | 作业提交到的队列 |
| MapReduce.task.io.sort.mb | 100 | 任务内部排序缓冲区大小 |
| MapReduce.map.sort.spill.percent | 0.8 | Map 阶段溢写文件的阈值(排序缓冲区大小的百分比) |
| MapReduce.reduce.shuffle.parallelcopies | 5 | Reduce 任务启动的并发拷贝数据的线程数目 |

注意，MRv2 重新命名了 MRv1 中的所有配置参数，但兼容 MRv1 中的旧参数，只不过会打印一条警告日志提示用户参数过期。MapReduce 新旧参数对照表可参考 Java 类 org.apache.hadoop.MapReduce.util.ConfigUtil，如表 3-9 所示。

表 3-9　MapReduce 新旧版本参数

| 过期参数名 | 新参数名 |
| --- | --- |
| mapred.job.name | MapReduce.job.name |
| mapred.job.priority | MapReduce.job.priority |
| mapred.job.queue.name | MapReduce.job.queuename |
| mapred.map.tasks.speculative.execution | MapReduce.map.speculative |
| mapred.reduce.tasks.speculative.execution | MapReduce.reduce.speculative |
| io.sort.factor | MapReduce.task.io.sort.factor |
| io.sort.mb | MapReduce.task.io.sort.mb |

### 2. 启用数据压缩

减少数据传输量的另一个方法是采用压缩技术。Hadoop 提供了内置的压缩和解压缩功能，而且可以很方便地使用，只需要设置 mapred.compress.map.output 参数为 true 即可启用压缩功能。同时，Hadoop 还提供了以下三种内置压缩方式：

(1) DefaultCodec 采用 zlib 压缩格式；

(2) GzipCodec 采用 Gzip 压缩格式；

(3) Bzip2Codec 采用 Bzip2 压缩格式。

### 3. 重用 JVM

在启动 Map 或 Reduce 任务时，TaskTracker 是在一个独立的 JVM 中启动 MapTask 或 ReduceTask 进程。默认设置下，每个 JVM 只可以单独运行一个 Task 进程，其主要目的是避免某个任务的崩溃而影响其他任务或整个 TaskTracker 的正常运行。但这也不是唯一的方式，MapReduce 框架也允许一个 JVM 运行多个任务。控制一个 JVM 可运行的任务数量的参数是 mapred.job.reusejvm.num.tasks，或调用 JobConf 类的 setNumTasksToExecute Perjvm 接口。当这个值被设为–1 时，一个 JVM 可以运行的任务数量将没有限制。

在一个 JVM 中运行多个任务的好处是可以减少 JVM 启动带来的额外开销。对于一些 Map 函数初始化较为简单，但执行次数比较频繁的作业，重用 JVM 后可减少的额外开销将比较客观，可以有效地提高系统的整体性能。

以上整理了一些常用的 MapReduce 程序性能优化方法。需要注意的是，以上这些方法并非是所有优化手段的全集，并且它们的具体应用细节还需要与具体的应用逻辑和运行环境相结合，才能获得较好的效果。

# 3.8　Spark 通用计算框架

## 3.8.1　Spark 简介

Spark 是 UC Berkeley AMP Lab(加州大学伯克利分校 AMP 实验室)所开源的类 Hadoop MapReduce 的通用并行计算框架，Spark 是为了与 Hadoop 配合而开发出来的，不是为了取代 Hadoop。

Hadoop 虽然已成为大数据技术的事实标准，但其本身还存在诸多缺陷，最主要的缺陷是其 MapReduce 计算模型延迟过高，无法胜任实时、快速计算的需求，因而只适用于离线批处理的应用场景。Hadoop 存在以下缺点：

(1) 表达能力有限：计算都必须要转化成 Map 和 Reduce 两个操作，但这并不适合所有的情况，且难以描述复杂的数据处理过程。

(2) 磁盘 I/O 开销大：每次执行时都需要从磁盘读取数据，并且在计算完成后需要将中间结果写入到磁盘中，I/O 开销较大。

(3) 延迟高：一次计算可能需要分解成一系列按顺序执行的 MapReduce 任务，任务之间的衔接由于涉及 I/O 开销，会产生较高延迟。而且，在前一个任务执行完成之前，其他任务无法开始，难以胜任复杂、多阶段的计算任务。

Spark 主要具有以下特点：

(1) 运行速度快：Spark 使用先进的 DAG(Directed Acyclic Graph，有向无环图)执行引擎，以支持循环数据流与内存计算，中间结果都存储在内存中，大大减少了 I/O 开销。基于内存的执行速度可比 Hadoop MapReduce 快上百倍，基于磁盘的执行速度也能快十倍。

(2) 容易使用：Spark 支持使用 Scala、Java、Python 和 R 语言进行编程，简洁的 API 设计有助于用户轻松构建并行程序，并且可以通过 Spark Shell 进行交互式编程。

(3) 通用性：Spark 提供了完整而强大的技术栈，包括 SQL 查询、流式计算、机器学习和图算法组件。这些组件可以无缝整合在同一个应用中，足以应对复杂的计算。

(4) 运行模式多样：Spark 提供了多种高层次、简洁的 API，通常情况下，对于实现相同功能的应用程序，Spark 的代码量要比 Hadoop 少 1/5~1/2。但 Spark 并不能完全替代 Hadoop，主要用于替代 Hadoop 中的 MapReduce 计算模型。实际上，Spark 已经很好地融入了 Hadoop 生态圈，并成为其中的重要一员，可以借助于 YARN 实现资源调度管理，并访问 HDFS、Cassandra、HBase、Hive 等多种数据源。

### 3.8.2　Spark 生态系统

Spark 的生态系统主要包含了 Spark Core、Spark SQL、Spark Streaming、MLLib 和 GraphX 等组件。各个组件的具体功能如下：

(1) Spark Core：包含 Spark 的基本功能，如内存计算、任务调度、部署模式、故障恢复及存储管理等。Spark 建立在统一的抽象 RDD 之上，使其可以基本一致的方式应对不同的大数据处理场景。通常所说的 Apache Spark 就是指 Spark Core。

(2) Spark SQL：允许开发人员直接处理 RDD，同时也可查询 Hive、HBase 等外部数据源。Spark SQL 的一个重要特点是能够统一处理关系表和 RDD，使开发人员可以轻松地使用 SQL 命令进行查询和对更复杂的数据进行分析。

(3) Spark Streaming：支持高吞吐量、可容错处理的实时流数据处理，其核心思路是将流式计算分解成一系列短小的批处理作业。Spark Streaming 支持多种数据输入源，如 Kafka、Flume 和 TCP 套接字等。

(4) MLlib(机器学习)：提供了常用机器学习算法的实现，包括聚类、分类、回归及协同过滤等，降低了机器学习的门槛。开发人员只要具备一定的理论知识，就能进行机器学习的工作。

(5) GraphX(图计算)：是 Spark 中用于图计算的 API，可认为是 Pregel 在 Spark 上的重写及优化。Graphx 性能良好，拥有丰富的功能和运算符，能在海量数据上自如地运行复杂的图算法。

### 3.8.3　Spark 框架及计算

#### 1. Spark 的基本概念

(1) RDD：是弹性分布式数据集(Resilient Distributed Dataset)的简称，是分布式内存的一个抽象概念，提供了一种高度受限的共享内存模型。

(2) DAG：是 Directed Acyclic Graph(有向无环图)的简称，反映了 RDD 之间的依赖关系。

(3) Executor：是运行在工作节点(Worker Node)上的一个进程，负责运行任务，并为应用程序存储数据。

(4) 应用：用户编写的 Spark 应用程序。

(5) 任务：运行在 Executor 上的工作单元。

(6) 作业：一个作业包含多个 RDD 及作用于相应 RDD 上的各种操作。

(7) 阶段：是作业的基本调度单位。一个作业会分为多组任务，每组任务被称为"阶段"，或者也被称为"任务集"。

#### 2. Spark 结构设计

Spark 运行架构包括集群资源管理器(Cluster Manager)、运行作业任务的工作节点(Worker Node)、每个应用的任务控制节点(Driver)和每个工作节点上负责具体任务的执行进程(Executor)。其中，集群资源管理器可以是 Spark 自带的资源管理器，也可以是 YARN 或 Mesos 等资源管理框架。Spark 结构框架如图 3-21 所示。

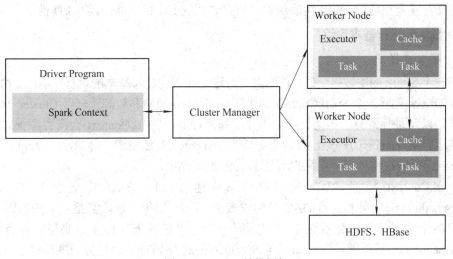

图 3-21　Spark 结构框架

#### 3. Spark 各种概念之间的关系

在 Spark 中一个应用(Application)由一个任务控制节点(Driver)和若干个作业(Job)构成，

一个作业由多个阶段(Stage)构成，一个阶段由多个任务(Task)组成。当执行一个应用时任务控制节点会向集群管理器(Cluster Manager)申请资源，启动 Executor，并向 Executor 发送应用程序代码和文件，然后在 Executor 上执行任务，运行结束后执行结果会返回给任务控制节点，或写到 HDFS 和其他数据库中，如图 3-22 所示。

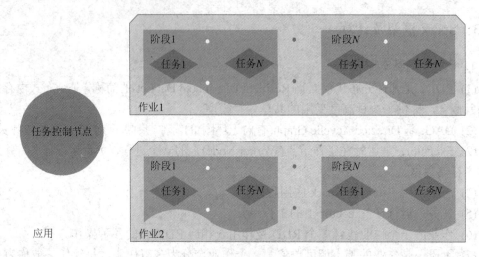

图 3-22　Spark 应用构成

与 Hadoop MapReduce 计算框架相比，Spark 所采用的 Executor 有两个优点：

(1) 利用多线程来执行具体的任务(Hadoop MapReduce 采用的是进程模型)，减少了任务的启动开销。

(2) Executor 中有一个 BlockManager 存储模块，会将内存和磁盘共同作为存储设备。当需要多轮迭代计算时，可以将中间结果存储到这个存储模块里，下次需要时就可以直接读该存储模块里的数据，而不需要读写到 HDFS 等文件系统里，因而有效地减少了 I/O 开销。此外，在交互式查询场景下预先将表缓存到该存储系统上，可以提高读写 I/O 性能。

### 4. Spark 运行基本流程

1) 基本流程

当一个 Spark 应用被提交时，首先需要为这个应用构建起基本的运行环境，即由任务控制节点(Driver)创建一个 SparkContext，由 SparkContext 负责和资源管理器(Cluster Manager)的通信，以及进行资源的申请、任务的分配和监控等。SparkContext 会向资源管理器注册并申请运行 Executor 的资源。资源管理器为 Executor 分配资源，并启动 Executor 进程，Executor 运行情况将随着"心跳"发送到资源管理器上。

SparkContext 根据 RDD 的依赖关系构建 DAG，DAG 提交给 DAG 调度器(DAGScheduler)进行解析，将 DAG 分解成多个"阶段"(每个阶段都是一个任务集)，并且计算出各个阶段之间的依赖关系。然后把一个个"任务集"提交给底层的任务调度器(TaskScheduler)进行处理，Executor 向 SparkContext 申请任务，任务调度器将任务分发给 Executor 运行，同时 SparkContext 将应用程序代码发放给 Executor。任务在 Executor 上运行，把执行结果反馈给任务调度器，然后反馈给 DAG 调度器，运行完毕后写入数据并释放所有资源，如图 3-23 所示。

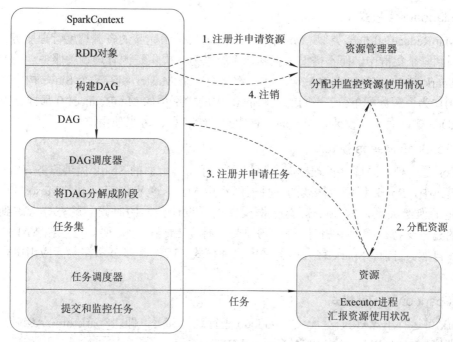

图 3-23　Spark 运行流程

2）Spark 运行架构的特点

(1) 每个应用都有自己专属的 Executor 进程，并且该进程在应用运行期间一直驻留。Executor 进程以多线程的方式运行任务，减少了多进程任务频繁的启动开销，使任务执行变得非常高效和可靠。

(2) Spark 运行过程与资源管理器无关，只要能够获取 Executor 进程并保持通信即可。

(3) Executor 上有一个 BlockManager 存储模块，类似于键值存储系统(把内存和磁盘共同作为存储设备)，在处理迭代计算任务时不需要把中间结果写入到 HDFS 等文件系统，而是直接放在这个存储系统上，后续有需要时就可以直接读取。在交互式查询场景下，也可以把表提前缓存到这个存储系统上，提高读写性能。

任务采用了数据本地性和推测执行等优化机制。数据本地性是指尽量将计算移到数据所在的节点上进行，即"计算向数据靠拢"，因为移动计算比移动数据所占的网络资源要少得多。而且，Spark 采用了延时调度机制，可以在更大的程度上实现执行过程优化。比如，拥有数据的节点当前正被其他的任务占用，那么在这种情况下是否需要将数据移动到其他的空闲节点呢？答案是不一定。这是因为，如果经过预测发现当前节点结束当前任务的时间要比移动数据的时间还要少，那么调度就会等待，直到当前节点可用。

## 3.8.4　Spark 的部署模式

Spark 应用程序在集群上部署运行时，可以由不同的组件为其提供资源管理调度服务(资源包括 CPU、内存等)。比如，可以使用自带的独立集群管理器，或使用 YARN，也可以使用 Mesos。具体来说，Spark 采用三种不同类型的集群部署方式，包括 standalone、Spark on Mesos 和 Spark on YARN。

### 1. standalone 模式

与 MapReduce1.0 框架类似，Spark 框架本身也自带了完整的资源调度管理服务，可以独立部署到一个集群中，而不需要依赖其他系统来为其提供资源管理调度服务。在架构的设计上 Spark 与 MapReduce1.0 完全一致，都是由一个 Master 和若干个 Slave 构成，并且以槽(slot)作为资源分配单位。不同的是，Spark 中的槽不再像 MapReduce1.0 那样分为 Map 槽和 Reduce 槽，而是只设计了统一的一种槽提供给各种任务来使用。

### 2. Spark on Mesos 模式

Mesos 是一种资源调度管理框架，可以为运行在其上面的 Spark 提供服务。Spark on Mesos 模式中，Spark 程序所需要的各种资源都由 Mesos 负责调度。由于 Mesos 和 Spark 存在一定的血缘关系，故 Spark 这个框架在进行设计开发的时候，就充分考虑到了对 Mesos 的充分支持。因此，相对而言，Spark 运行在 Mesos 上，要比运行在 YARN 上更加灵活、自然。目前，Spark 官方推荐采用这种模式，所以许多公司在实际应用中也采用该模式。

### 3. Spark on YARN 模式

Spark 可运行于 YARN 之上，与 Hadoop 进行统一部署，即"Spark on YARN"，资源管理和调度依赖 YARN，分布式存储则依赖 HDFS。

Hadoop 和 Spark 统一部署的原因在于：一方面，由于 Hadoop 生态系统中的一些组件所实现的功能，目前还是无法由 Spark 取代的，比如，Storm 可以实现毫秒级响应的流计算，但是 Spark 则无法做到毫秒级响应；另一方面，企业中已经有许多现有的应用，都是基于现有的 Hadoop 组件开发的，完全转移到 Spark 上需要一定的成本。因此，在许多企业的实际应用中，Hadoop 和 Spark 的统一部署是一种比较现实而合理的选择。

由于 Hadoop MapReduce、HBase、Storm 和 Spark 等都可以运行在资源管理框架 YARN 之上，故可以在 YARN 之上进行统一部署，如图 3-24 所示。

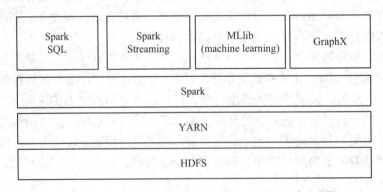

图 3-24　YARN 的资源部署

这些不同的计算框架统一运行在 YARN 中，可以带来如下好处：

(1) 计算资源按需伸缩；

(2) 不用负载应用混搭，集群利用率高；

(3) 共享底层存储，避免数据跨集群迁移。

# 习  题

1. 传统大数据存储的架构有哪些，特点是什么？

2. HDFS 和传统分布式文件系统相比有哪些特点？

3. HDFS 中数据副本的存放策略是什么？

4. NameNode 和 DataNode 的功能分别是什么？

5. HDFS 文件读写的过程是什么？

6. NoSQL 相对传统关系型数据库在大数据存储方面的优势有哪些？

7. HBase 数据库存储的特点有哪些？

8. 影响多处理器计算性能的主要因素有哪些？

9. 什么是并行计算？并行计算必须具备哪些条件？

10. 简述 MapReduce 的基本思想。

11. MapReduce 采用 M/S 结构，试述 JobTracker 和 TaskTracker 的功能。

12. 试述 MapReduce 的 Shuffle 过程。

13. 试述 YARN 的 MapReduce 过程。

14. Spark 与 MapReduce 有何不同？

# 参 考 文 献

[1]  程克非，罗江华，兰文富. 云计算基础教程[M]. 北京：人民邮电出版社，2013.

[2]  Tom White. Hadoop 权威指南[M]. 3 版. 北京：清华大学出版社，2015.

[3]  徐立冰. 云计算和大数据时代网络技术揭秘[M]. 北京：人民邮电出版社，2013.

[4]  范东来. Hadoop 海量数据处理：技术详解与项目实战[M]. 北京：人民邮电出版社，2016.

[5]  姚宏宇，田溯宁. 云计算：大数据时代的系统工程[M]. 北京：电子工业出版社，2013.

[6]  刘鹏. 云计算[M]. 2 版. 北京：电子工业出版社，2011.

[7]  陆嘉恒. Hadoop 实战[M]. 北京：机械工业出版社，2011.

[8]  杨巨龙. 大数据技术全解：基础、设计、开发与实践[M]. 北京：电子工业出版社，2014.

[9]  林子雨. 大数据技术基础[M]. 北京：清华大学出版社，2013.

[10]  FOSTER I. Designing and Building Parallel Programs[M]. New Jersey：Addison Wesley Press, 1995.

[11]  GRAMA A, KARYPIS G, KUMAR V, et al. Introduction to Parallel Computing[M]. 2nd ed. NewJersey：AddisonWesleyPress, 2003.

[12]  Spark 计算模型[EB/OL]. https://blog.csdn.net/qq_17677907/article/details/88685705.

# 第 4 章　大数据分析

从前面几章的介绍，我们已经知道越来越多的应用涉及大数据，而这些大数据的属性(包括数量、速度、多样性等)都呈现了大数据应用中不断增长的复杂性，一方面大数据的价值巨大，另一方面大数据的价值被海量数据所掩盖而不易获取。这就使大数据的分析在大数据领域显得尤为重要，只有通过分析，才能获取很多智能的、深入的、有价值的信息。因此，大数据的分析方法可以说是决定最终信息是否有价值的决定性因素。

## 4.1　大数据分析概述

数据分析是指用适当的统计分析方法对收集来的大量数据进行分析，将它们加以汇总、理解和消化，以求最大限度地开发数据的功能，并发挥数据的作用。数据分析是为了提取有用信息和形成结论而对数据加以详细研究和概括总结的过程。数据也称观测值，是实验、测量、观察、调查等的结果。数据分析中所处理的数据分为定性数据和定量数据。只能归入某一类而不能用数值进行测度的数据称为定性数据。其中，类别不区分顺序的是定类数据，如性别、品牌等；而类别区分顺序的是定序数据，如年龄(老、中、青)、文化程度(研究生、大学、高中、初中)。

顾名思义，大数据分析就是对规模巨大的数据进行分析，将大量的原始数据转换成"关于数据的数据"的过程，它是大数据到信息再到知识的关键步骤。相对于传统的数据分析，大数据分析的处理理念有了三个明显的转变。第一，数据采用全体而不是抽样的；第二，分析要的是效率而不是绝对精确；第三，分析的结果要的是相关性而不是因果性，相关性是比因果性更广泛的概念。在大数据时代，相关关系分析为我们提供了一系列新的视野和有用的预测，看到了很多以前不曾注意到的联系，还掌握了以前无法理解的发展技术和社会动态。通过探究"是什么"而不是"为什么"，能够更好地了解这个世界。

### 4.1.1　数据分析的原则

数据分析应该遵循三条原则：

(1) 数据分析是为了检验假设的问题，需要提供必要的数据验证，在数据分析中分析模型构建完成后，需要利用测试数据验证模型的准确性。

(2) 数据分析是为了挖掘更多的问题，并找到深层次的原因。比如分析产品销售情况的数据，需要找到销售数据发生变动的原因，如促销、节日、卖场宣传、卖场环境、消费心理、价格、对手等。总结分析其原因，针对可能的原因实施措施及再追踪分析。

(3) 要避免不明确问题，为了数据分析而去做数据分析。没有明确的问题或者目标，直接去做数据分析往往得不到好的结果，而且问题不同，分析思路和分析方法会有很大的不同。

### 4.1.2　大数据分析的特点

现今，在人类全部数字化的数据中，一方面仅有非常小的一部分(约占总数据量的1%)数值型数据得到了深入分析和挖掘(如回归、分类、聚类)，大型互联网企业对网页索引、社交数据等半结构化数据进行了浅层分析(如排序)；另一方面，占总量近 60%的语音、图片、视频等非结构化数据，还难以进行有效的分析。根据 TDWI(中国商业智能网)对大数据分析的报告，企业已经不满足于对现有数据的分析和监测，而是能对未来趋势有更多的分析和预测，如图 4-1 所示。因此，大数据分析日益成为企业获取利润必不可少的支撑点。

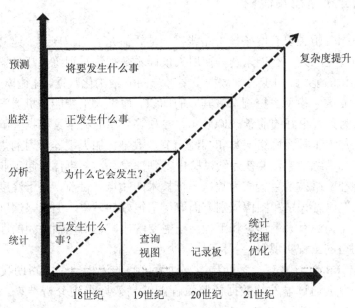

图 4-1　大数据分析趋势图

大数据分析技术的发展，需要在两方面取得突破。一是对体量庞大的结构化和半结构化数据进行高效率的深度分析，挖掘隐性知识，如从自然语言构成的文本网页中理解和识别语义、情感、意图等；二是对非结构化数据进行分析，将海量复杂而多源的语音、图像和视频数据转化为机器可识别的、具有明确语义的信息，进而从中提取有用的知识。

具体归纳，大数据分析具有五个特点：

(1) 大数据分析应是可视化分析。大数据分析的使用者有大数据分析专家，同时还有普通用户，但是二者对于大数据分析最基本的要求就是可视化分析，原因在于可视化分析能够直观地呈现大数据特点，同时能够非常容易地被读者所接受，就如同看图说话一样简单明了。

(2) 大数据分析的理论核心是数据挖掘算法。各种数据挖掘的算法基于不同的数据类型和格式，能更加科学地呈现出数据本身具备的特点，也正是因为这些被全世界统计学家所公认的各种统计方法(可以称之为真理)才能深入数据内部，挖掘出公认的价值。另一方面也是因为有这些数据挖掘的算法，才能更快速地处理大数据。如果一个算法得花上好几年才能得出结论，那大数据的价值也就无从说起了。

(3) 大数据分析最重要的应用领域之一就是预测性分析。从大数据中挖掘出特点，通过建立科学的模型，之后便可以通过模型代入新的数据，从而预测未来数据。

(4) 大数据分析广泛应用于网络数据挖掘。可从用户搜索关键词、标签关键词或其他输入语义，分析和判断用户需求，从而实现更好的用户体验和广告匹配。

(5) 大数据分析离不开数据质量和数据管理。高质量的数据和有效的数据管理，无论是在学术研究还是在商业应用领域，都能够保证分析结果的真实和有价值。

大数据分析的基础就是从以上五个方面出发，当然更加深入进行大数据分析的话，还有众多更有特点、更深入、更专业的大数据分析方法。

### 4.1.3　大数据分析路线及流程

目前的大数据分析主要有两条技术路线，一是凭借先验知识，人工建立数学模型来分析数据；二是通过建立人工智能系统，使用大量样本数据进行训练，让机器代替人工获得从数据中提取知识的能力。由于占大数据主要部分的非结构化数据，往往模式不明且多变，故难以靠人工建立数学模型去挖掘深藏其中的知识。通过人工智能和机器学习技术分析大数据，被业界认为具有很好的前景。2006 年，谷歌等公司的科学家根据人脑认知过程的分层特性，提出增加人工神经网络层数和神经元节点数量，加大机器学习的规模，构建深度神经网络，可提高训练效果，并在后续试验中得到证实。这一事件引起工业界和学术界的高度关注，使神经网络技术重新成为数据分析技术的热点。目前，基于深度神经网络的机器学习技术，已在语音识别和图像识别方面取得了很好的效果。但未来深度学习要在大数据分析上广泛应用，还有大量理论和工程问题需要解决，主要包括模型的迁移适应能力及超大规模神经网络的工程实现等。

进行大数据分析时，需有一套以数据驱动为核心的流程体系，帮助我们通过数据去洞察本质问题，保证通过输入的数据依照流程能够高效地得到分析结果。数据分析流程如下。

#### 1. 发现和定义问题

此阶段需要学习业务领域的相关知识，重点在于将业务问题转化为分析挑战，以待后续阶段完成。例如，我们可以根据不同分类网页的点击率和跳转率分析网页的受欢迎程度，将网页的重要性分为高、中、低。基于这些网页的重要性及其类型、流量来源、内容等确定提升业务量的途径。

#### 2. 识别和设计数据需求

识别信息需求是确保数据分析过程有效性的首要条件，可以为收集数据、分析数据提供清晰的目标。识别信息需求是管理者的职责，管理者应根据决策和过程控制的需求提出对信息的需求。就过程控制而言，管理者应识别需求要利用哪些信息支持评审过程输入、过程输出、资源配置的合理性、过程活动的优化方案和过程异常变异的发现。

### 3. 采集和准备(预处理)数据

有目的地收集数据是确保数据分析过程有效的基础。组织者需要对收集数据的内容、渠道、方法进行策划。策划时应考虑如下问题:

(1) 将识别的需求转化为具体的要求,如评价供方时需要收集的数据可能包括其过程能力、测量系统不确定度等相关数据。

(2) 明确由谁在何时、何处通过何种渠道和方法收集数据。

(3) 记录表应便于使用。

(4) 采取有效措施防止数据丢失和虚假数据对系统的干扰。

### 4. 分析数据及建立模型

分析数据是将收集的数据通过加工、整理和分析使其转化为信息。常用方法有: ① 老七种工具,即排列图、因果图、分层法、调查表、散步图、直方图、控制图; ② 新七种工具,即关联图、系统图、矩阵图、KJ 法、计划评审技术、PDPC 法、矩阵数据图。下面重点说明 KJ 法和 PDPC 法。

(1) KJ 法:又称 A 型图解法或亲和图法,其创始人是日本东京工业大学教授川喜田二郎,KJ 是他英文姓名 Jiro Kawakita 的缩写。KJ 法将未知的问题和未曾接触领域的问题的相关事实、意见或设想之类的语言文字资料收集起来,并利用其内在的相互关系作成归类合并图,以便从复杂的现象中整理出思路,抓住实质,从而找出解决问题的途径。

(2) PDPC 法:是英文原名 Process Decision Program Chart 的缩写,中文称之为过程决策程序图。所谓 PDPC 法,是针对为了达成目标的计划,尽量导向预期理想状态的一种方法。该方法在制订计划阶段或进行系统设计时事先预测可能发生的障碍(如不理想事态或结果),从而设计出一系列对策措施,并以最大的可能引向最终目标(达到理想结果)。该方法可用于防止重大事故的发生,故也称之为重大事故预测图法。

### 5. 沟通结果及过程改进

数据分析是质量管理体系的基础。组织的管理者应在适当的时候通过对以下问题进行分析,评估其有效性。

(1) 提供决策的信息是否充分、可信,是否存在因信息不足、失准、滞后而导致决策失误的问题。

(2) 信息对持续改进质量管理体系、过程及产品所发挥的作用是否与期望值一致,是否在产品实现过程中能够有效运用数据分析。

(3) 收集数据的目的是否明确,收集的数据是否真实而充分,信息渠道是否畅通。

(4) 数据分析方法是否合理,是否将风险控制在可接受的范围内。

(5) 数据分析所需资源是否得到保障。

## 4.1.4 大数据分析的技术

大数据分析涉及的技术相当广泛,主要包括以下方面。

### 1. 数据采集

大数据的采集是指利用多个数据库来接收发自客户端(如 Web、APP 或传感器形式等)

的数据，并且用户可以通过这些数据库来进行简单的查询和处理工作。例如，电商会使用传统的关系型数据库(MySQL 和 Oracle 等)来存储每一笔事务数据，Redis 和 MangoDB 这样的 NoSQL 数据库也常用于数据的采集。阿里云的 DataHub 是一款数据采集产品，可为用户提供实时数据的发布和订阅功能，写入的数据可直接进行流式数据的处理，也可参与后续的离线作业计算，并且 DataHub 同主流插件和客户端保持高度兼容。

在大数据采集中，可能同时有成千上万的用户进行访问和操作。例如，火车票售票网站和淘宝，它们的并发访问量在峰值时达到上百万，所以需要在采集端部署大量数据库才能支撑。如何在这些数据库之间进行负载均衡和分片，则需要深入地研究和思考。ETL 工具负责将分布的、异构数据源中的数据如关系型数据、平面文件数据等抽取到临时中间层后进行清洗、转换、集成，最后加载到数据仓库或数据集市中，或成为联机分析处理与数据挖掘的基础。详细内容见第 2 章。

### 2. 数据管理

对大数据进行有效管理是进行大数据分析的基础，使大数据"存得下，查得出"，并为大数据的高效分析提供基本的数据操作(比如 JOIN 和聚集操作等)。随着大数据应用越来越广泛，应用场景的多样化和数据规模的不断增加，传统的关系型数据库在很多情况下难以满足要求，学术界和产业界开发出一系列新型的 NoSQL 数据库管理系统。例如，适用于处理大量数据的高访问负载及日志系统的键值数据库(如 Tokoy Cabinet/Tyrant、Redis、Voldemort、OracleBDB)，适用于分布式大数据管理的列存储数据库(如 Cassandra、HBase、Riak)，适用于 Web 应用的文档型数据库(如 CouchDB、MongoDB、SequoiaDB)，适用于社交网络知识管理的图形数据库(如 Neo4J、InfoGrid、Infinite Graph)等。面对大数据的挑战，学术界和产业界拓展了传统的关系型数据库，如 NewSQL 数据库满足可扩展/高性能的数据库需求。这类数据库不仅具有 NoSQL 对海量数据的存储管理能力，还保持了传统数据库支持 ACID 和 SQL 的特性。典型的 NewSQL 数据库包括 VoltDB、ScaleBase、dbShards、Scalear 等。例如，阿里云分析型数据库可实现对数据的实时多维分析，百亿量的多维数据查询只需要 100 ms。详细内容见第 3 章。

### 3. 基础架构

从底层来看，实现大数据分析还需要高性能的计算框架和存储系统。例如，用于分布式计算的 MapReduce 计算框架及 Spark 计算框架，用于大规模数据协调工作的分布式文件存储 HDFS 等。

### 4. 数据理解和提取

大数据的多样性体现在多个方面。在结构方面，很多时候对大数据分析时处理的数据并非传统的结构化数据，也包括多模态的半结构化和非结构化数据；在语义方面，大数据的语义也有着多样性，同一含义有着多样的表达，同样的表达在不同的语境下有不同的含义。要对具有多样性的大数据进行有效分析，需要对数据进行深入的理解，并从结构多样、语义多样的数据中提取出可以直接进行分析的数据。这方面的技术包括自然语言处理、信息抽取等。自然语言处理是研究人与计算机交互的语言问题的一门学科。处理自然语言的关键是让计算机"理解"自然语言，自然语言处理又称为自然语言理解(Natural Language Understanding，NLU)或计算语言学，它是人工智能(Artificial Intelligence，AI)的核心课题之一。信息抽取(Information Extraction)是将非结构化中包含的信息进行结构化处理，并形成统一的组织形式。

### 5. 统计分析

统计分析是指运用统计方法及与分析对象有关的知识，从定量与定性的结合上进行研究。它是继统计设计、统计调查、统计整理之后的一项十分重要的工作，在前几个阶段工作的基础上，通过分析以实现对研究对象更为深刻的认识。它也是在一定的选题下，针对分析方案的设计、资料的搜集和整理而展开的研究活动。系统、完善的资料是统计分析的必要条件。统计分析技术包括描述性统计分析、回归分析、因子分析和方差分析等。

#### 1) 描述性统计分析

描述性统计分析(Description Statistics Analysis)是通过图表或数学方法对数据资料进行整理与分析，并对数据的发布状态、数字特征和随机变量之间的关系进行估计和描述的方法。描述性统计分析分为集中趋势分析、离中趋势分析和相关分析。

(1) 集中趋势分析：主要靠平均数、中位数、众数等统计指标来表示数据的集中趋势，如测试班级的平均成绩是多少？是正偏分布还是负偏分布？

(2) 离中趋势分析：主要靠全距、四分差、平均差、方差、标准差等统计指标来研究数据的离中趋势。例如，当想知道两个教学班的语文成绩，哪个班级的成绩分布更分散时，可以用两个班级的四分差来比较。

(3) 相关分析：是研究现象之间是否存在某种依存关系，并对具体依存关系的现象进行其相关方向及相关程度的研究。这种关系既可以包括两个数据之间的单一相关关系(如年龄与个人领域空间之间的关系)，也包括多个数据之间的多重相关关系(如年龄、抑郁症发生率和个人领域空间之间的关系)；既可以是 $A$、$B$ 变量同时增大的正相关关系，也可以是 $A$ 变量增大时 $B$ 变量减少的负相关关系，还包括两变量同时变化的紧密程度(相关系数)。实际上，相关关系唯一不研究的数据关系就是数据系统变化的内在根据(因果关系)。

#### 2) 回归分析

回归分析(Regression Analysis)是确定两种或两种以上变数间相互依赖有定量关系的一种统计分析方法，即研究一个随机变量 $Y$ 对另一个($X$)或一组($X_1$, $X_2$, …, $X_k$)变量的相依关系的统计分析方法，即该方法应用十分广泛，按照涉及的自变量多少，可分为一元回归分析和多元回归分析；按照自变量和因变量之间的关系类型，可分为线性回归分析和非线性回归分析。

#### 3) 因子分析

因子分析(Factor Analysis)是指研究从变量群中提取共性因子的统计技术。因子分析的基本目的就是用少数几个因子去描述许多指标或因素之间的联系，将比较密切相关的几个变量归在同一类中，每一类变量就成为一个因子，以较少的几个因子来反映原资料的大部分信息，减少决策的困难。因此，在因子分析中因子变量的数量远远少于原始变量的个数；因子变量并非原始变量的简单取舍，而是一种新的综合；因子变量之间没有线性关系；因子变量具有可解释性，可最大限度地发挥专业分析的作用。

因子分析的方法有十多种，如重心法、影像分析法、最大似然解、最小平方法、阿尔法抽因法、拉奥典型抽因法等。这些方法本质上大都属于近似方法，是以相关系数矩阵为基础的，所不同的是相关系数矩阵对角线上的值。

　　4) 方差分析

　　方差分析(Analysis of Variance，简称 ANOVA)又称"变异数分析"或"F 检验"，是 R.A.Fisher 发明的，用于两个及两个以上样本均数差别的显著性检验。由于各种因素的影响，研究所得的数据呈现波动状。造成波动的原因可分成两类，一类是不可控的随机因素，另一类是研究中施加的对结果形成影响的可控因素。方差分析是从观测变量的方差入手，研究诸多控制变量中哪些变量是对观测变量有显著影响的变量。

　　6. 数据挖掘

　　数据挖掘是指从大量数据中通过算法搜索隐含于其中的信息过程，包括分类 (Classification)、预测(Prediction)、相关性分组和关联规则(Affinity Grouping and Association Rule)、聚类(Clustering)、描述和可视化(Description and Visualization)、复杂数据类型(如 Text、Web、图形图像、视频、音频等)挖掘等。

　　统计分析和数据挖掘既有联系又有区别。从两者的理论来源看，它们都源于统计基础理论，因此它们的许多方法在很多情况下都是同根同源的。比如，概率论和随机事件是统计学的核心理论之一，统计分析中的抽样估计需要应用该理论，而在数据挖掘技术的贝叶斯分类中就是这些统计理论的发展和延伸。更普遍的观点认为，数据挖掘是统计分析技术的延伸和发展，但是统计分析的基础之一是概率论，在对数据进行统计分析时分析人员常常需要对数据分布和变量间的关系做假设，确定用什么概率函数来描述变量间的关系及如何检验参数的统计显著性。但是，在数据挖掘的应用中，分析人员不需要对数据分布做任何假设，数据挖掘的算法主要在现有数据上进行计算，自动寻找变量间的关系，从而起到预测的效果，实现一些高级别数据分析的需求。例如，阿里云数据产品拥有一系列机器学习工具，可基于海量数据实现对用户行为、行业走势、天气与交通的预测，产品还集成了阿里巴巴的核心算法库(包括特征工程、大规模机器学习、深度学习等)。

　　7. 数据可视化

　　数据可视化是关于数据视觉表现形式的科学技术研究。对于大数据而言，由于其规模、高速和多样性，用户通过直接浏览来了解数据，因而将数据进行可视化，将其表示成为能够直接读取的形式，就显得非常重要。目前，针对数据可视化已经提出了许多方法，根据其可视化的原理，可划分为基于几何的技术、面向像素的技术、基于图标的技术、基于层次的技术、基于图像的技术和分布式技术等；根据数据类型，可以分为文本可视化、网络(图)可视化、时空数据可视化、多维数据可视化等。

　　数据可视化应用包括报表类工具(如 Excel)、BI 分析工具及专业的数据可视化工具等。阿里云 2016 年发布的 BI 报表产品，3 分钟即可完成海量数据的分析报告，产品支持多种云数据源，提供近 20 种可视化效果。详细内容见后续章节。

## 4.1.5　大数据分析的难点

　　大数据分析不是简单的数据分析延伸。大数据的规模大、更新速度快、来源多样、价值密度低等性质，给大数据分析带来了一系列的挑战。具体的难点包括以下方面：

**1. 可扩展性**

由于大数据的特点之一是"规模大",利用大规模数据可以发现诸多新知识,因而大数据分析需要考虑的首要任务之一是使分析算法能够支持大规模数据,在大规模数据上能够在应用所要求的时间约束内得到结果。

**2. 可用性**

大数据分析的结果应用到实际中的前提是分析结果的可用。这里"可用"有两个方面的含义:一方面需要结果具有高质量,如结果完整、符合现实的语义约束等;另一方面需要结果形式适用于实际的应用。对结果可用性的要求给大数据分析算法带来了挑战,所谓"垃圾进垃圾出",高质量的分析结果需要高质量的数据,结果形式的高可用性需要设计高可用的分析模型。

**3. 领域知识的结合**

大数据分析通常与具体领域密切结合,因而大数据分析的过程很自然地需要和领域知识相结合,这为大数据分析方法的设计带来了挑战。一方面,领域知识具有多样性,与领域知识结合后导致大数据分析方法多样,需要与领域知识相适应的大数据分析方法;另一方面,对领域知识提出新的要求,需要领域知识的内容和表达适用于大数据分析过程。

**4. 结果的检验**

有一些应用需要高可靠性的分析结果,否则会带来灾害性的后果。大数据分析结果需要经过一定检验才可以真正被应用。因此,需要对大数据分析结果的需求进行建模,并有效地实现检验。

# 4.2 大数据分析模型

大数据分析离不开一系列的模型和方法。大数据分析模型讨论的是从大数据中发现什么,用于描述数据之间的关系。

大数据分析模型有多种不同的分类方法。例如:依据分析的数据类型,可分为结构化多维数据的多元分析、面向半结构化图数据的图分析及面向非结构化文本数据的文本分析;根据分析过程中输出和输入的关系,可分为回归分析、聚类分析、分类和关联规则分析等;根据输入的特征,可分为监督学习、无监督学习和半监督学习等。

大数据分析是一个比较广的范畴,与统计学习、机器学习、数据挖掘、数据仓库等存在关系,因而 Michael I. Jordan 建议用"数据科学"来覆盖整个领域,而大数据分析模型的建立是最基础、最重要的步骤。

## 4.2.1 大数据分析模型建立方法

大数据分析模型可以基于传统数据分析方法中的建模方法来建立,也可以采用面向大数据的独特方法来建立,分别称之为传统建模方法和大数据建模方法。需要指出的是,无论哪种方法都需要明确业务需求问题,根据分析的目标和所拥有的数据资源选择建模的方法,从而解决问题。下面就采用统一的广义建模框架介绍两种方法。

### 1. 业务调研

首先需要向业务部门进行调研，了解业务需要解决的问题，将业务问题映射成数据分析工作和任务。对业务的了解无疑是传统建模方法和大数据建模方法都需要的。

### 2. 准备数据

根据业务需求准备相应的数据。需要注意的是，传统建模方法通常有明确的建模目的，可根据建模的目的准备数据，而大数据建模方法通常尽可能搜集到全量数据，以便从中发现此前没发现的规律。

### 3. 浏览数据

这一步骤是大数据建模方法所特有的，在此步骤中数据科学家或用户通过浏览数据发现数据中一些可能的新关联，并通过对大数据进行可视化来实现。

### 4. 变量选择

经过业务调研、准备数据和浏览数据后，对已有的数据和分析目标都已经清楚了，目前需要基于分析的目标选择模型中的自变量，并定义模型中的因变量。因变量可根据数据来定义，自变量可根据数据的模式及与因变量之间的关系来选择。需要注意的是，有的时候并不能精确地选择自变量，在这种情况下可以选择一个较大的自变量范围，然后利用主成分分析、特征工程、因子分析等技术有效选择相应的变量。

### 5. 定义(发现)模型的模式

所谓模型的模式，指的是模型的"样子"，如自变量 $x_1$, $x_2$, $\cdots$, $x_n$ 和因变量 $y$ 之间表示成方程 $y = f(x_1, x_2, \cdots, x_n)$，或者自变量构成决策时因变量 $y$ 在叶子节点，这些都是模型的模式。此时选择何种模式，数据科学家的经验起到非常重要的作用。因为在某些情况下模式有很多选择，哪一种能够有效地描述数据之间的关系是因问题而异、因数据而异的。在有些情况下甚至需要根据后面对模型有效性进行评估的结果来替代修改模式。这个过程对大数据分析建模尤其重要，因为在大数据分析建模中数据模型可能更加不明显，需要替代地修正模型的模式。

### 6. 计算模型参数

通常在模型中有一些参数，决定了模型的最终形式。有些参数需要根据需求或者数据的形式来定义，如有些聚类模型中的聚类个数；而有些参数需要通过算法学习得出，如线性回归中自变量的系数。有时模型中的参数需要根据分析模型的实际应用结果进行调整，即所谓的"调参"。这是一个重要的过程，因为参数直接决定了模型的有效性。

### 7. 分析模型的解释和评估

数据分析模型从业务中来，最终要应用到业务中去，因而当分析模型建立之后，需要由业务专家进行业务解释和结果评价。具体来说，可以将分析模型应用于业务中的数据，由业务专家根据经验解释从分析模型中得到的结果，以观察此结果是否符合业务要求；也可以基于得出有效分析结果的数据对模型进行评估，自动验证模型得到的分析结果是否与有效的分析结果相符合。

上面的七个步骤是广义的分析模型建立过程。如果是狭义的建模则为步骤 3～7，即不包括业务调研和数据准备过程。

下面用一个例子来说明大数据分析的过程。

假设我们期望研究提升学生学习成绩的方法，经过老师的分析，希望具体研究"基于学生的行为数据预测学习成绩"这一数据分析任务。对于此任务，传统的建模方法可能由专家去分析一系列可能的因素，比如上课的出勤率、作业完成率等，然后到相关的数据库中去获取相应的数据。

大数据建模方法会试图去获取更多的数据，包括学生的起床时间、就餐时间、体检记录、学生籍贯等。继而通过可视化等方法(比如做折线图)，分析这些因素是否可能和学生的学习成绩相关。

究竟选择哪些变量进行研究呢？根据领域知识和浏览数据，实际上已经发现了一些可能影响学生成绩的因素，这些因素在数据库中体现为"属性"，对应着分析模型中的"变量"。在大数据分析建模方法中可能得到了很多自变量(比如起床时间、吃早餐的时间、血压、籍贯等也许相关也许不相关的变量)，在这种情况下可以使用一些特征工程的方法选择与成绩相关性比较高的自变量，排除不相关的自变量，比如起床时间和吃早餐时间在统计上具有较强的相关性。

假设选择了上课出勤率、作业完成率和血压作为自变量，接下来需要定义模型的模式，这与自变量和因变量的数据类型有关。比如，这里的出勤率、作业完成率和血压都是数值型，而学生的成绩也是数值型，则可以选择多元线性回归。

如果选择多元线性回归作为模式，下一步可根据算法确定多元线性回归中的参数。当然在有些情况下即使算法得到了最优参数，最终结果的误差仍然很大。在这种情况下很有可能是模型选择的问题，也就是多元线性回归模型难以准确描述学习成绩与出勤率、作业完成率及血压的关系，可能需要换其他模式(如多项式回归等)。

当确定了模型后，就可以对其进行解释。一种方法是由专家来分析，比如"为什么血压的平方会对成绩有影响？"；另一种方法是用更多的数据(如出勤率、作业完成率、血压和学习成绩)来验证这个模型是否可以推广。需要注意的是，在现实中一些数据(比如学生起床时间或者学生健康情况)会由于得不到而无法使用。现实中的建模通常应用可以有效使用的数据。

下面将根据分析过程中输出和输入的关系，分别介绍分类分析、关联分析和聚类分析等大数据分析模型。

## 4.2.2 分类分析模型

分类分析是在已知的研究对象分为若干类的情况下，确定新的未知分类对象属于哪一类，如监督学习的范畴。根据判别中的分组，可分为二分类和多分类；根据分类的策略，可分为判别分析和机器学习分类。

### 1. 判别分析

判别分析是多元统计分析中用于判别样本所属类型的一种统计方法。根据判别中的组数，可分为判别分析和多组判别分析；根据判别函数的形式，可分为线性判别和非线性判别；根据判别式处理变量的方法不同，可分为逐步判别、序贯判别等；根据判别标准的不同，可分为距离判别、Fisher 判别、贝叶斯判别等。

判别分析通常会先建立一个判别函数,然后利用此函数进行判别,最常用的判别函数是线性判别函数。线性判别函数将判别函数表示成线性的形式。对于两类分类(即将样本分成 A 类和 B 类)而言,判别函数可以表示为

$$f(x) = W^T X + W_0$$

其中:$W$、$X$ 和 $W_0$ 都是向量,$x$ 是自变量或预测变量,即反映研究对象特征的变量;$W$ 和 $W_0$ 是各变量系数,也称判别系数。对于给定的阈值 $\varepsilon$,若 $f(x) \leqslant \varepsilon$,则 $x$ 所描述的样本属于 A 类,否则 $x$ 所描述的样本属于 B 类。阈值 $\varepsilon$ 有时候也被称为判别指标。

多分类问题可以通过一组二分类判别函数得到。例如,对于 $C(C>2)$ 个类的分类,主要有以下三种方法:

(1) 构造 $C$ 个两类分类器,第 $k$ 个分类器将第 $k$ 类与其他 $C-1$ 类分开。

(2) 构造 $C(C-1)$ 个两类分类器,每个分类器在两类之间做判别,依次使用每个分类器,采用多数投票规则对样本进行分类。

(3) 为 $C$ 个类定义 $C$ 个线性判别函数 $g_1(x)$,$g_2(x)$,$\cdots$,$g_c(x)$,如果

$$g_i(x) = \max g_j(x)$$

则样本属 $x$ 属于第 $i$ 类。

当线性函数无法对样本进行准确分类时,样本是线性不可分的。此时,可以通过核函数等方法来对线性判别函数进行扩展以实现判别分析,也可以采用机器学习分类模型。

### 2. 机器学习分类

机器学习专门研究计算机如何模拟或实现人类的学习行为以获取新的知识或技能,重新组织已有的知识结构,使之不断改善自身的性能。

机器学习中的分类通常依据利用训练样例训练模型可对类别未知的数据进行判断。分类是机器学习中的重要任务之一,主要的方法包括决策树、SVM、神经网络、逻辑回归等。机器学习训练得到的模型可能不是一个明确表示的判别函数,而是具有复杂结构的判别方法,如树结构(如决策树)或者图结构(如神经网络)等。

需要注意的是,判别分析和机器学习的分类方法并非泾渭分明。例如,基于机器学习的分类方法,可根据样例学习(如 SVM)得到线性判别函数,用于判别分析。

## 4.2.3　关联分析模型

关联分析用于描述多个变量之间的关联。如果两个或两个以上变量之间存在一定的关联,那么其中一个变量的状态就能够通过其他变量进行预测。关联分析的输入是数据集合,输出是数据集合中全部或部分元素之间的关联关系。例如,房屋的位置、房间之间的关联关系或气温与空调销量之间的关系等。关联分析主要包括如下分析内容:

### 1. 回归分析

回归分析是最灵活最常用的统计分析方法之一,用于分析变量之间的数量变化规律,即一个因变量与一个或多个自变量之间的关系,特别适用于定量描述和解释变量之间的相互关系,或估测、预测因变量的值。例如,通过回归分析可以发现个人收入与性别、年龄、受教育程度、工作年限的关系,基于数据库中现有的个人收入、性别、年龄、受教育程度和工作年限可构造回归模型,基于该模型,根据新输入的性别、年龄、受教育程度和工作

年限可预测个人收入。

### 2. 关联规则分析

关联规则分析用于发现存在于大量数据集中的关联性或相关性，进而描述了一个事物中的某些属性或同时出现的规律和模式。关联规则分析的一个典型例子是购物篮分析。该过程通过发现顾客放入其购物篮中的不同商品之间的联系，分析顾客的购买习惯。同时，通过了解哪些商品频繁地被顾客同时购买，帮助零售商制定营销策略。其他的应用还包括价目表设计、商品摆放和基于购买模式的顾客细分等。

### 3. 相关分析

相关分析是对总体中确定具有联系的指标进行分析，是描述客观事物相互之间关系的密切程度并用适当的统计指标表示出来的过程。例如，在经济学中如果一段时期内出生率随经济水平上升而上升，这说明两个指标之间是正相关关系；而在另一段时期内出生率随经济水平上升而下降，这说明两个指标之间是负相关关系。

回归分析和相关分析在实际应用中有密切关系。然而在回归分析中，所关心的是一个随机变量 $Y$ 对另一个(或一组)随机变量 $X$ 的依赖关系的函数形式。而在相关分析中，所讨论的变量地位一样，分析侧重于变量之间的种种相关特征。例如，以 $X$ 和 $Y$ 分别记录高中学生的物理和数学成绩，相关分析感兴趣的是二者的关系如何，而不是由 $X$ 去预测 $Y$。

## 4.2.4 聚类分析模型

聚类分析是一种经常用于数据探索分析的方法。聚类不做预测。相反，聚类方法根据对象属性来查找对象之间的相似性(即在性质上的亲疏程度)，并对相似的对象进行聚类形成簇。聚类形成的簇是一组对象的集合，同一个簇中的对象彼此相似，与其他簇中的对象相异。聚类分析是典型的无监督(Unsupervised)分析方法，也就是没有关于样本或变量的分类标签，分类需要按照样本或变量的亲疏程度进行。例如，基于客户的个人收入，依据任意选取簇值数为 3，则可将用户分为三个组别。

(1) 收入低于 50 000 元；

(2) 收入在 50 000 元到 100 000 元之间；

(3) 收入在 100 000 元以上。

这种分组主要基于主观上的易解释性。但是，这种分组方式并没有显示出每组内客户有天然的雷同性，即并没有说明收入在 100 000 元以上的客户和收入在 50 000 元以下的客户有何种不同。随着将与客户相关的更多变量作为附加的相似性维度，寻找有意义分组就会变得更加复杂。比如，假设将年龄、受教育年限、家庭规模和每年采购支出等变量，与个人收入变量一起考虑，那么应该如何对客户分组？通过聚类分析就可以帮助回答这类问题。聚类技术经常用于市场营销、经济学和自然科学的多个分支。

用来描述样本或变量的亲疏程度通常有两个途径。一是采用描述个体对(即变量对)之间的接近程度的指标(如"距离")，"距离"越小的个体(变量)，越具有相似性；二是采用表示相似程度的指标(如"相关系数")，"相关系数"越大的个体(变量)，越具有相似性。

### 1. 基于距离的亲疏关系度量

将每个样本或变量看作多维空间上的一个点，在多维坐标中定义点与点、类与类之间的距离，用点与点之间的距离来描述样本或变量之间的亲疏程度。

1) 连续型变量的距离

(1) 欧几里得距离：简称欧氏距离，是最易于理解的一种距离计算方法。

两个 $n$ 维向量 $a(x_{11}, x_{12}, \cdots, x_{1n})$ 与 $b(x_{21}, x_{22}, \cdots, x_{2n})$ 间的欧氏距离为

$$d_{12} = \sqrt{\sum_{k=1}^{n} (x_{1k} - x_{2k})^2}$$

欧氏距离的优点是方法直观、计算简单，缺点是没有考虑分量之间的相关性，体现单一特征的多个分量会干扰结果。

(2) 曼哈顿距离：也称为城市街区距离，来源于从一个十字路口到另一个十字路口时穿越街区的实际驾驶距离。

两个 $n$ 维向量 $a(x_{11}, x_{12}, \cdots, x_{1n})$ 与 $b(x_{21}, x_{22}, \cdots, x_{2n})$ 间的曼哈顿距离为

$$d_{12} = \sum_{k=1}^{n} |x_{1k} - x_{2k}|$$

(3) 切比雪夫距离：类似在国际象棋中国王从一个格子走到另一个格子需要的最少步数。

两个 $n$ 维向量 $a(x_{11}, x_{12}, \cdots, x_{1n})$ 与 $b(x_{21}, x_{22}, \cdots, x_{2n})$ 间的切比雪夫距离为

$$d_{12} = \max_k (|x_{1k} - x_{2k}|)$$

(4) 明可夫斯基距离：是一组距离的定义，两个 $n$ 维向量之间的明可夫斯基距离为

$$d_{12} = \sqrt[p]{\sum_{k=1}^{n} |x_{1k} - x_{2k}|^p}$$

其中，$p$ 是可变参数。当 $p=1$ 时，为曼哈顿距离；当 $p=2$ 时，为欧氏距离；当 $p\to\infty$ 时，为切比雪夫距离。

明可夫斯基距离有两个缺点：一是将各个分量的量纲同样看待，而实际并非相同；二是没有考虑各个分量的分布(期望、方差等)可能是不同的。例如，二维样本(身高、体重)，其中身高范围是 150 cm～190 cm，体重范围是 50 kg～60 kg，即形成三个样本：$a(180, 50)$、$b(190, 50)$ 和 $c(180, 60)$。那么 $a$ 与 $b$ 之间的明可夫斯基距离等于 $a$ 与 $c$ 之间的明可夫斯基距离。但是 $a$ 与 $b$ 的身高差 10 cm(190–180)真的等价于 $a$ 与 $c$ 的体重差 10 kg(60–50)吗？因此，用明可夫斯基距离来衡量这些样本间的相似度就会存在很大问题。

2) 离散型变量的距离

(1) 卡方距离：用来衡量每两个个体间各个属性的差异性，值较大说明个体与变量取值有显著关系，即两个个体之间差异较大。个体 $x(x_1, x_2, \cdots, x_k)$ 与个体 $y(y_1, y_2, \cdots, y_k)$ 的距离可以计算如下：

$$\text{CHISQ}(x, y) = \sqrt{\sum_{i=1}^{k} \frac{(x_i - E(x_i))^2}{E(x_i)} + \sum_{i=1}^{k} \frac{(y_i - E(y_i))^2}{E(y_i)}}$$

(2) 二值变量距离：是 $k$ 个属性变量均取值 0 或 1 的情况下定义的距离。简单匹配系数二值变量距离建立在两个体间构成的 0、1 频数表上。

表 4-1  个体频数统计

|  | 个体 $y_0$ | 个体 $y_1$ |
|---|---|---|
| 个体 $x_0$ | $a$ 个 | $b$ 个 |
| 个体 $x_1$ | $c$ 个 | $d$ 个 |

定义表 4-1 中的数据，个体 $x$ 与个体 $y$ 的距离可以计算为

$$S(x, y) = \frac{b+c}{a+b+c+d}$$

其中，$b+c$ 体现差异性，$a+d$ 体现相似性。

(3) Jaccard 距离：只考虑分母同时为 1 时的情况(因为在某些情况下同时为 0 的意义不大)，即

$$J(x, y) = \frac{b+c}{b+c+d}$$

### 2. 基于相似系数的相似性度量

如前所述，衡量亲疏程度的另一种方法是计算相似系数。常用的相似系数如下：

(1) 余弦相似度：用向量空间中的两个向量之间夹角的余弦值，衡量两个个体之间的差异大小。相比之前的距离度量，余弦相似度更加注重两个向量在方向上的差异，而非距离或长度上的差异。两个 $n$ 维向量 $a(x_{11}, x_{12}, \cdots, x_{1n})$ 与 $b(x_{21}, x_{22}, \cdots, x_{2n})$ 间的夹角 $\theta$ 的余弦公式为

$$\cos\theta = \frac{\sum\limits_{k} x_{1k} x_{2k}}{\sqrt{\sum\limits_{k=1}^{n} x_{1k}^2} \sqrt{\sum\limits_{k=1}^{n} x_{2k}^2}}$$

其中，夹角余弦范围为[−1，1]，值越大，表明两个向量的夹角越小。当两个向量的方向重合时，夹角余弦取最大值 1；当两个向量的方向完全相反时，夹角余弦取最小值为−1。

(2) 汉明距离：在信息论中两个等长字符串之间的汉明距离是两个字符串对应不同字符的个数。换而言之，它就是将一个字符串变换成另一个字符串所需要替换的字符个数，如字符串 "1111" 与 "1001" 的汉明距离为 2。

(3) 皮尔森相关系数：分别对两个 $n$ 维向量 $X(x_1, x_2, \cdots, x_n)$ 和 $Y(y_1, y_2, \cdots, y_n)$ 基于自身总体标准化后计算空间向量的余弦夹角，其计算公式为

$$r(X, Y) = \frac{n\sum\limits_{i=1}^{n} x_i y_i - \sum\limits_{i=1}^{n} x_i \sum\limits_{i=1}^{n} y_i}{\sqrt{n\sum\limits_{i=1}^{n} x_i^2 - \left(\sum\limits_{i=1}^{n} x_i\right)^2} \cdot \sqrt{n\sum\limits_{i=1}^{n} y_i^2 - \left(\sum\limits_{i=1}^{n} y_i\right)^2}}$$

相关系数是衡量随机 $x$ 与 $y$ 相关程度的一种方法，相关系数的取值范围是[−1，1]，其

绝对值越大，表明 $x$ 与 $y$ 相关程度越高。当 $x$ 与 $y$ 线性相关时，相关系数的取值为1(正线性相关)或−1(负线性相关)。

聚类分析的对象是变量，而变量的选择和处理对聚类的结果至关重要。首先，选取的变量应该与类别相关；其次，数据的数量级对聚类的影响较大，应先行标准化，从而消除量纲对距离的影响；最后，变量之间如果存在较强的线性关系，即可相互替代，则同类变量会相互替代，权值加强，从而使结果偏向该类变量。

### 小知识 1

监督学习、无监督学习和半监督学习是机器学习领域中的三种学习方法。

·监督学习(Supervised Learning)：根据已知特征(如类标签)的一部分输入数据与输出数据之间的相应关系生成一个函数，之后可将未知特征的输入映射到合适的输出，如分类。

·无监督学习(Unsupervised Learning)：输入数据集没有已知特征，直接依据数据的特性进行建模，如聚类(依据数据的相似度进行)。

·半监督学习(Semi-supervised Learning)：综合利用有特征的数据和没有特征的数据来生成合适的分类函数。

### 小知识 2

数据标准化(Normalization)也称数据规范化，是将数据按比例缩放后使之落入一个小的特定区间。在某些比较和评价的指标处理中经常会用到，通过标准化可以去除数据的单位限制，将其转化为无量纲的纯数值，便于不同单位或量级的指标进行比较和加权操作。常用的数据标准化方法有 min-max 标准化、z-score 标准化、log 函数转化等。

## 4.3　大数据分析算法

在 4.2 节中介绍了大数据分析的多种模型，要完成各类模型的功能任务就需要采用不同的算法。大数据分析算法从功能上分为聚类算法、回归算法、关联规则挖掘算法、分类算法及聚类算法等。这些算法在工程中有着很实际的应用，是大数据分析过程中强有力的工具。合理地选择算法能在保证效率的同时得到好的分析结果，进而更好地分析出数据中包含的知识。限于篇幅，我们对大数据算法进行简单的概述总结，并对其中的决策树算法、Apriori 算法、K-means 算法、决策树算法做简单介绍，读者如需深入学习请阅读相关资料。

### 4.3.1　大数据算法概述

#### 1. 大数据算法的分类

大数据算法根据其对实时性的要求不同，可以分为三类。

(1) 实时分析算法：使用实时获取的数据，响应时间约束为秒级甚至毫秒级。

例如，在工业生产中的一些分析任务必须实时处理，如生产线上产品错误的实时发现和纠正、设备故障的实时监测和修理等。这些任务如果不能实时完成，轻则造成损失(如生产出残次品)，重则发生严重的事故(比如设备发生故障导致停产，甚至威胁人身安全)，而这些任务需要使用生产线的实时数据，只有这样，使用的数据才能体现产品或者设备的当前状态。

(2) 弱实时分析算法：这类分析算法面向有用户参与分析决策的分析任务，不要求实时响应，但也存在响应时间约束(响应时间从分钟到小时)。

例如，工业企业中的一些分析任务需要和管理者交互完成，如库存优化、配送优化等。这些任务的实时性不强，但是参与者不可能等太久，有时候这种等待也需要成本，因而需要有一定的时间约束。对于库存优化来说，库存策略无需实时制定，但是需要辅助决策者在产品或者原材料入库之前确定。产品和原材料的入库可以适当等待决策一段时间，然而这种等待需要成本，因而需要尽可能快的完成任务。生产过程中对能效的监控可以辅助管理者优化生产过程，节约能耗这个过程无需实时给出，然而也需要有一些时间约束。有两个原因：一方面，用户在观测信息，如果反馈时间过长，会降低用户体验；另一方面，如果缺少时间约束，太长时间以后的数据对决策的参考价值变得很低。

(3) 非实时分析算法：这类分析算法使用数据仓库中的大规模数据，响应时间约束相对宽松，可以达到数天甚至数月。

例如，一些工业大数据分析任务涉及长期决策，为了做出正确决策，需要尽可能全面地使用大规模历史数据。这类分类任务包括工艺优化、生产流程优化、成本优化等。这些分析的结果对于企业的生产和经营有着较重大的影响，相对于计算时间来说，分析的准确性更加重要，因而可以允许更长的计算时间。产品加工工艺的优化可以不经常去做，但是如果做了优化的决策，其对生产效率、产品质量、生产成本等会产生较大影响，因而做这样的决策需要慎重。基于大数据分析的自动工艺优化尤其如此。一方面，工艺优化涉及加工参数、生产设备状态、产品质量等多方面的数据，显然使用的数据越全面，越容易发现未知的关联。另一方面，使用的历史数据周期越长，越易于避免片面数据的误导。使用更全面和周期更长的数据的代价是需要处理的数据规模很大，减缓了分析的速度，但是为了得到准确的决策，付出一些分析时间的代价是值得的。

### 2. 大数据分析算法的设计技术

对于不同的数据规模、不同的实时性要求，具有不同固有时空复杂性的问题(例如图的连通分量的查找问题，可以在线性时间内计算，而最大独立子集问题却是 NP 难题)，所用的算法设计技术是不同的。

(1) 随机算法：是使用随机函数的算法，且随机函数的返回值直接或者间接地影响算法的执行流程和执行结果。随机算法可以利用少部分数据的分析结果实现对整体数据分析结果的估计。在大数据分析过程中，随机算法多用于实时分析。典型的随机算法包括 $\varepsilon$ 算法和 $(\varepsilon, \delta)$ 算法，其中 $\varepsilon$ 算法的误差小于 $\varepsilon$，而 $(\varepsilon, \delta)$ 算法的误差大于 $\varepsilon$ 的概率小于 $\delta$。

(2) 外存算法：指的是在算法执行过程中用到外存的算法。在很多情况下，由于内存的限制，大数据必须存储在外存中，因而对于大数据的分析一定是外存算法。此外，在一些情况下大数据分析过程中的中间结果，也无法放到内存中，必须有效使用外存。传统的数据库中的数据操作算法(如选择、连接等)都是外存算法。

(3) 并行算法：就是用多台处理机联合求解问题的算法。针对规模巨大的大数据，自然可以利用多台处理机联合处理，这就是面向大数据的并行算法。如前面介绍的，

MapReduce 算法就是比较典型的数据密集型并行算法。

（4）Anytime 算法：有的文献中也称之为"任意时间算法"。该算法针对输入数据、时间与其他资源的要求，给出各种性能的输出结果。通过分析给定的输入类型、给定的时间及数据输出结果的质量，可以得到具有一定预计性的算法模型。根据这个模型，可以按照算法各个部分的重要性来分配时间资源，以求在最短时间内给出最优的结果。在很多情况下由于大数据的规模很大，计算资源和时间约束不足以对数据进行精确分析，这就需要根据结果质量要求调配资源或根据资源而适当调整结果质量。同时，在一些用户参与的情况下，可以不断生成精度高的分析结果给用户，当用户觉得满意时即可停止分析，比如在线聚集算法。

需要注意的是，以上算法在运用时并非孤立。例如，对于实时分析的场景，当数据量很大而分析任务同时涉及大规模历史数据和实时到来的数据时，需要有效结合并行算法和随机算法设计技术。在使用监控状态的设备时，可以将监控得到的数据看作一个时间序列，通过与历史数据的序列比对来诊断设备的异常状态。

### 4.3.2　决策树算法简介

#### 1. 相关概念

决策树是一种采用树状结构的有监督分类或回归算法。决策树是一个预测模型，表示对象特征和对象值之间的一种映射，不需要学习者有多少相关领域知识，是一种非常直观、易于理解的算法。

例如，图 4-2 是预测贷款用户是否具有偿还贷款能力的决策树。每个用户(样本)有三个属性(特征)：是否拥有房产、是否已婚和年收入。现在给定一个用户 A(无房产，单身，年收入 5.5 万元)，那么根据此决策树，按照虚线路径就可以预测该用户没有偿还贷款能力。

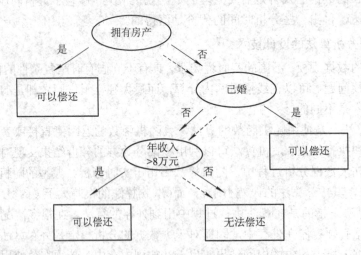

图 4-2　贷款能力判断决策树

由此可以看出，决策树的每个非叶子节点存储的是用于分类的特征，其分支代表这个特征在某个值上的输出，而每个叶子节点存储的就是最终的类别信息。

简而言之，利用决策树进行预测的过程就是从根节点开始，根据样本的特征属性选择不同的分支，直到到达叶子节点，得出预测结果。

决策树的优点：① 决策树模型可读性好，具有描述性，有助于人工分析；② 效率高，决策树只需要一次构建，可反复使用，每一次预测的最大计算次数不超过决策树的深度。

**2. 构造决策树**

构造决策树就是根据现有样本数据生成一个树结构，现在考虑一种最简单的情况，即样本数据特征均为离散的情况，如表 4-2 所示。

**表 4-2　样本信息**

| ID | 拥有房产 | 是否已婚 | 年收入>8 万元 | 有能力偿还债务 |
|----|----------|----------|---------------|----------------|
| 1 | 是 | 否 | 是 | 是 |
| 2 | 否 | 是 | 是 | 否 |
| 3 | 否 | 否 | 否 | 否 |
| 4 | 是 | 是 | 是 | 是 |
| 5 | 否 | 否 | 是 | 是 |
| 6 | 否 | 是 | 否 | 否 |
| 7 | 是 | 否 | 是 | 是 |
| 8 | 否 | 否 | 是 | 是 |
| 9 | 否 | 是 | 否 | 否 |
| 10 | 否 | 否 | 是 | 是 |

如何从根节点开始一步步得到一个决策树呢？

(1) 第一步：确定一个分裂属性，即以样本数据的哪个特征进行划分。

此处确定最优划分特征的方法是整个决策树的关键部分。最优划分特征的选择基于一个目标：使分裂后各个节点数据的"纯度"最高，即尽量使通过该特征进行分类后的分支节点所包含的样本属于同一类别。选择一个合适的特征作为判断节点，可以快速地分类，减少决策树的深度。

如何量化这种"纯度"呢？下面给出三种量化指标。

① 信息增益：首先给出信息熵的定义，假设样本用 $D$ 表示：

$$\text{Ent}(D) = -\sum_{i=1}^{m} p_i \text{lb}(p_i)$$

其中，$p_i$ 表示第 $i$ 个类别在整个训练元组中出现的概率，可以用属于此类别元素的数量除以训练元组元素总数量作为估计。$m$ 为类别数，上例中类别为是、否有能力偿还贷款，因此 $m = 2$。

熵表示样本的混乱程度，样本数据越无序、越混乱，熵就越大。可以考虑，通过比较划分特征前后样本数据熵的变化来确定样本的纯度变化。

信息增益的定义如下：

$$\text{Gain}(D, \alpha) = \text{Ent}(D) - \sum_{j=1}^{v} \frac{|D^j|}{|D|} \text{Ent}(D^v)$$

其中，$\alpha$ 代表划分的特征，特征 $\alpha$ 有 $v$ 个可能的取值($\alpha_1$, $\alpha_2$, $\cdots$, $\alpha_v$)，可以用特征 $\alpha$ 将 $D$ 划分成 $v$ 个分区或子集$\{D^1, D^2, \cdots, D^v\}$，$D^j$ 包含 $D$ 中的元组，其特征 $\alpha$ 的取值为 $\alpha_j$，$|D|$ 表示 $D$ 中样本个数。

可以认为，信息增益越大，则意味着以特征 $\alpha$ 来进行划分所获得的"纯度提升越大"。因此，可以涉及所有特征，选取使信息增益最大的特征作为当前节点的分裂特征。

需要知道的是，信息增益准则对可取值数目较多的特征有所偏好。如果将表 4-2 中的 ID 列也作为特征，则可以计算出其信息增益是所有特征里面最大的，因为其将原始样本分成 10 个分支，且每个分支都只有一个样本，纯度自然是最高的，但这并没有泛化能力。

② 增益率：是在信息增益偏向多取值特征的特性上做出的改进，减少了该偏向可能带来的不利影响。具体定义为

$$\text{Gain\_ratio}(D, \alpha) = \frac{\text{Gain}(D, \alpha)}{\text{IV}(\alpha)}, \quad \text{IV}(\alpha) = -\sum_{j=1}^{v} \frac{|D^j|}{|D|} \text{lb} \frac{|D^j|}{|D|}$$

该公式利用 $\text{IV}(\alpha)$ 表示特征 $\alpha$ 的一个特性。特征的取值数目越多，则 IV 的值通常会越大，可以达到消除多取值特征带来的不利影响。

③ 基尼指数：用于度量数据集 $D$ 的纯度。具体定义为

$$\text{Gini}(D) = \sum_{k=1}^{n} \sum_{t \neq k} p_t p_k$$

直观来说，$\text{Gini}(D)$ 反映了从数据集 $D$ 随机选取两个样本，其类别标记不一致的概率。基尼系数越小，代表其纯度越高。选取合适的纯度量化方式，可以从当前样本数据中找到最好的划分特征，从而将数据集划分为若干个分支。

(2) 第二步：观察划分的各个分支。如果分支中样本数据均属于同一类别，则该分支应为叶子节点，无需再进行计算。

如果分支中样本所有特征都相同，无法再继续分解下去，那么当前分支就为叶子节点，类别标记为当前分支中样本数最多的一种(多数表决)。

如果以上均不符合，应针对每一组样本数据重复第一步的过程，将分支继续递归分解下去，直至每个分支的样本数据都具有相同的类别。可以预见的是，树的层数最大不会超过特征的个数，因为每一层进行分割时肯定不会采用其上层节点采用的分割特征进行分裂。

以上面的贷款偿还能力评价为例，根节点开始时我们的数据集是所有的 10 个样本，通过以信息增益作为纯度评价标准，发现最优划分特征为是否有房。这时按照有房和无房两种情况，将 10 个样本分为两组，然后可以观察，有房的样本都具备偿还能力。这属于第一个的递归停止条件，即此时无需再进行计算，根节点的左子节点即为根节点，在是否有房这一特征上的值为是，则输出为"具备偿还能力"；而其他没有房的样本则需要继续递归分割，直至全部都生成叶子节点为止。

值得注意的是，这种决策树的自顶向下递归分治的方法属于贪心算法的一种，虽然其每步都选取了当前最优的分割特征，但是其总体不一定是最优的。

### 3. 连续值处理

上面的特征默认为是离散的，即只有有限的几种情况，但很多时候特征值常常是连续

的，比如具体工资的数额、温度的数值等。这时候不能直接采用上面的特征分割方法，首先需要将连续属性离散化。最简单的方法是二分法，就是设置一个阈值，小于这个值的为一类，大于这个值的为另一类。

给定样本集 $D$ 和连续属性 $\alpha$，假定 $\alpha$ 在 $D$ 上出现了 $n$ 个不同的取值，将其从小到大排序，即为$(\alpha_1, \alpha_2, \alpha_3, \cdots, \alpha_n)$。然后可以计算出 $n-1$ 个潜在划分点 $T_i$。

$$T_i = \left\{ \frac{\alpha^i + \alpha^{i+1}}{2} \mid 1 \leqslant i \leqslant n-1 \right\}$$

即将每两个相邻元素的中间点可以看作潜在分裂点，以潜在分裂点为界，就可以将连续数据当作离散的来处理，但是连续特征的信息增益略有不同，如下所示：

$$\text{Gain}(D, \alpha) = \max_{t \in T_\alpha} \text{Gain}(D, \alpha, t) = \max_{t \in T_\alpha} \text{Ent}(D) - \sum_{\gamma \in \{-,+\}} \frac{|D_t^\gamma|}{|D|} \text{Ent}(D_t^\gamma)$$

其中，$D_t^-$ 表示特征 $\alpha$ 上不大于潜在分裂点 $t$ 的所有样本集合，$D_t^+$ 表示特征 $\alpha$ 上大于潜在分裂点 $t$ 的所有样本集合。上述公式计算了连续特征的信息增益大小。需要注意的是，采用该方法最多只会产生两个分支，并且与离散数据不同的是，当其下属分支继续划分时，仍可以使用当前划分的连续特征(因为离散特征划分后一个分支内的样本数据在该特征上不可能出现多于一种的值，而采用二分法选取的连续特征显然不具备这一条件)。

#### 4. 剪枝处理

剪枝操作是为了对付决策树学习算法中"过拟合"的情况，由于决策树算法会不断地重复特征的划分过程，或者由于噪声数据的存在，有时候会使得决策树分支过多，造成过拟合的情况，即对训练数据的分类很准确，但是对未知的测试数据的分类却没那么准确。这种情况下可以采用主动去掉分支的方法来降低过拟合的风险。一般存在"预剪枝"和"后剪枝"两种策略。

(1) 预剪枝：即在决策树生成过程中，对当前节点的划分结果进行评价。如果该划分不能带来决策树泛化能力(即处理未见过示例的能力)的提升，则停止划分，将当前节点标记为叶子节点。

(2) 后剪枝：即先生成一棵完整的决策树，然后自底向上的对非叶子节点进行评价。如果剪掉该枝可以使泛化性能提升，则将该子树替换为叶子节点。

预先剪枝可能过早地终止决策树的生长，而后剪枝一般能够产生更好的效果。但后剪枝在子树被剪掉后，决策树生长的一部分计算就会被浪费了。

这里简单介绍一个剪枝算法。首先明确剪枝的目的是为了减小过拟合带来的不良影响，降低决策树模型的复杂度，但是同时也要保证其对于训练数据有较好的分类效果。因此，定义一个损失函数如下：

$$C_\alpha(T) = C(T) + \alpha|T|$$

其中，$\alpha \geqslant 0$，$C(T)$表示模型对于训练数据的预测误差，先不必关心 $C(T)$ 的具体公式，理解其含义即可。$|T|$表示叶子节点的个数，可用于表示模型的复杂度。从中可以看出，参数 $\alpha$ 控制着模型复杂度和对训练数据拟合程度两者之间的影响。较大的 $\alpha$ 促使选择一个较简单

的树，而较小的 $\alpha$ 则偏向于对训练数据有更好的拟合效果。因此，可以利用上面的损失函数进行剪枝操作，这样得到的决策树既考虑到了对训练数据的拟合，又增强了泛化能力。

其他一些剪枝算法有的借助验证集实现，有的通过设置信息增益的阈值作为剪枝判断标准，具体的算法过程可以参考相关文献。

**5. 决策树算法的优缺点**

决策树算法的优点如下：

(1) 决策树的结果易于表达和理解；

(2) 数据的预处理比较简单，能够同时处理多种数据类型；

(3) 对缺失值不敏感，可以处理不相关特征数据；

(4) 算法效率较高，只需要一次构建，可反复使用，每一次预测的最大计算次数不超过决策树的深度。

决策树算法的缺点如下：

(1) 对连续性的字段比较难预测；

(2) 对有时间顺序的数据，需要很多预处理的工作；

(3) 结果不稳定，当类别比较多时分类错误会增加；

(4) 不能根据多个字段进行分类，处理特征关联性比较强的数据时表现不理想；

(5) 很可能在某些类占主导地位时创建有偏异的树，因此建议用平衡的数据训练决策树。

针对上述缺点提出了许多改进的方法，如采用随机森林等方法可使结果更准确、更稳定。具体细节，读者可以阅读相关文献。

## 小知识

·在统计学中，拟合指的是描述函数逼近目标函数的远近程度。过拟合和欠拟合均是机器学习表现不佳的现象。

·过拟合(Overfitting)：当某个模型过度地学习训练数据中的细节和噪音，以至于模型在新的数据上表现很差时，我们称过拟合发生了。

·欠拟合(Underfitting)：是模型在训练和预测时表现都不好的情况。欠拟合通常不被讨论，是因为在给定一个评估模型表现指标的情况下，欠拟合很容易被发现。校正方法是继续学习并试着更换机器学习算法。

·泛化能力：是机器学习过程中学习到的模型在处理没有遇到过的新数据时的能力。欠拟合和过拟合就是两个评价指标。我们希望得到一个泛化能力强的模型。

## 4.3.3 Apriori 算法简介

**1. 相关概念**

Apriori 算法是关联分析中的基本算法，由 Rakesh Agrawal 在 1994 年提出。它的核心思想分两步：一是使用候选项集找频繁项集，二是由频繁项集产生关联规则。

首先明确什么是规则？规则形如"如果…那么…(If…Then…)"，前者为条件，后者为结果。例如一个顾客如果买了可乐，那么他也会购买果汁。

如何来度量一个规则是否够好？通常可以采用置信度(Confidence)和支持度(Support)。假设有如表 4-3 的购买记录和进行统计处理后的表 4-4。

### 表 4-3　交易记录

| 顾客 | 项　目 |
|---|---|
| 1 | Orange Juice, Coke |
| 2 | Milk, Orange Juice, Window Cleaner |
| 3 | Orange Juice, Detergent |
| 4 | Orange Juice, Detergent, Coke |
| 5 | Window Cleaner |

### 表 4-4　购买情况统计

| | Orange Juice | Window Cleaner | Milk | Coke | Detergent |
|---|---|---|---|---|---|
| Orange Juice | 4 | 1 | 1 | 2 | 2 |
| Window Cleaner | 1 | 2 | 1 | 0 | 0 |
| Milk | 1 | 1 | 1 | 0 | 0 |
| Coke | 2 | 0 | 0 | 2 | 1 |
| Detergent | 1 | 0 | 0 | 0 | 2 |

表 4-4 中数字表示同时购买横纵两栏商品的交易条数。例如，购买 Orange Juice 的交易数为 4，而同时购买 Orange Juice 和 Coke 的交易数为 2。

置信度表示了这条规则有多大程度上是可信。假设条件的项的集合为 $A$，结果的集合为 $B$。置信度计算在 $A$ 中，同时也含有 $B$ 的概率，即 Confidence($A{\rightarrow}B$) = $P(B|A)$。支持度计算在所有的交易集中，既有 $A$ 又有 $B$ 的概率。

例如：计算"如果购买 Orange Juice，则购买 Coke"的置信度和支持度。

在含有 Orange Juice 的 4 条交易中，仅有 2 条交易含有 Coke，其置信度为 0.5。在 5 条记录中，既有 Orange Juice 又有 Coke 的记录有 2 条，则此条规则的支持度为 2/5=0.4。现在这条规则可表述为，如果一个顾客购买了 Orange Juice，则有 50% 的可能购买 Coke，而这样的情况(即买了 Orange Juice，会再买 Coke)会有 40% 的可能发生。

再来考虑表 4-5 所示的情况。

### 表 4-5　项集及其支持度统计

| 项 | 支持度 |
|---|---|
| $A$ | 0.45 |
| $B$ | 0.42 |
| $C$ | 0.4 |
| $A{\cap}B$ | 0.25 |
| $A{\cap}C$ | 0.2 |
| $B{\cap}C$ | 0.15 |
| $A{\cap}B{\cap}C$ | 0.05 |

可得到表 4-6 所示的规则。

表 4-5　交易规则举例

| 规　则 | 置　信　度 |
|---|---|
| If $B$ and $C$ then $A$ | $\dfrac{0.05}{0.15} \times 100\% = 33.33\%$ |
| If $A$ and $C$ then $B$ | $\dfrac{0.05}{0.20} \times 100\% = 25\%$ |
| If $A$ and $B$ then $C$ | $\dfrac{0.05}{0.25} \times 100\% = 20\%$ |

上述三条规则中，哪一条规则有用呢？

对于规则"If $B$ and $C$ then $A$"，同时购买 $B$ 和 $C$ 的人中，有 33.33% 会购买 $A$。而单项 $A$ 的支持度有 0.45，也就是说在所有交易中，会有 45% 的人购买 $A$。看来使用这条规则来进行推荐，还不如不推荐，随机对顾客进行推荐好了。

为此引入另外一个规则衡量指标，即提升度(Lift)，以度量此规则是否可用。描述的是相对于不用规则，使用规则可以提高多少。有用的规则的提升度大于 1。计算方式为

$$\text{Lift}(A \to B) = \frac{\text{Confidence}(A \to B)}{\text{Support}(B)} = \frac{\text{Support}(A \to B)}{\text{Support}(A) \cdot \text{Support}(B)} = \frac{P(A \cap B)}{P(A)P(B)}$$

在上例中，$\text{Lift}(\text{If } B \text{ and } C \text{ then } A) = \dfrac{0.05}{0.15 \times 0.45} = 0.74$，而 $\text{Lift}(\text{If } A \text{ then } B) = \dfrac{0.25}{0.45 \times 0.42} = 1.32$。

也就是说对买了 $A$ 的人推荐 $B$，购买概率是随机推荐 $B$ 的 1.32 倍。

**2. 算法步骤**

算法分两步产生规则：第一步是找出频繁集(Frequent Itemsets)，频繁集是指满足最小支持度的集合；第二步是从频繁集中找出强规则(Strong Rules)，强规则指既满足最小支持度又满足最小置信度的规则。

如何产生频繁集呢？这其中有一个定理，即频繁集的子集也一定是频繁集。比如，如果{$A$，$B$，$C$}是一个 3 项的频繁集，则其子集{$A$，$B$}、{$B$，$C$}、{$A$，$C$}也一定是 2 项的频繁集。为了方便，可以把含有 $k$ 项的集合称为 $k$-项集($k$-Itemsets)。

下面以迭代的方式找出频繁集。首先找出 1-项集的频繁集，然后使用这个 1-项集进行组合，找出 2-项集的频繁集。如此下去，直到不再满足最小支持度或置信度的条件为止。这其中重要的两个步骤分别是连接(Join)和剪枝(Prune)，即由($k$-1)-项集中的项进行组合，产生候选集(Candidate Itemsets)。再从候选集中，将不符合最小支持度或置信度的项删去，如图 4-3 所示。

图 4-3　频繁 3-项集生成过程

下面再来看一个详细的例子。假设最小支持度计数为 2，以 $C_k$ 表示 $k$–项候选集，以 $L_k$ 表示 $k$–项频繁集。候选集 $C_2$ 生成过程如图 4-4 所示。

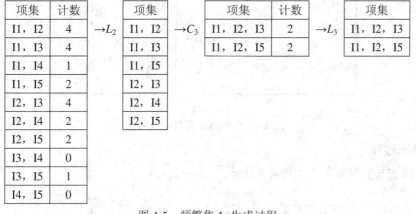

图 4-4　候选集 $C_2$ 生成过程

对 $C_2$ 进行扫描，计算支持度。频繁集 $L_3$ 生成过程如图 4-5 所示。

| 项集 | 计数 | | 项集 | | 项集 | 计数 | | 项集 |
|---|---|---|---|---|---|---|---|---|
| I1，I2 | 4 | $\to L_2$ | I1，I2 | $\to C_3$ | I1，I2，I3 | 2 | $\to L_3$ | I1，I2，I3 |
| I1，I3 | 4 | | I1，I3 | | I1，I2，I5 | 2 | | I1，I2，I5 |
| I1，I4 | 1 | | I1，I5 | | | | | |
| I1，I5 | 2 | | I2，I3 | | | | | |
| I2，I3 | 4 | | I2，I4 | | | | | |
| I2，I4 | 2 | | I2，I5 | | | | | |
| I2，I5 | 2 | | | | | | | |
| I3，I4 | 0 | | | | | | | |
| I3，I5 | 1 | | | | | | | |
| I4，I5 | 0 | | | | | | | |

图 4-5　频繁集 $L_3$ 生成过程

频繁项集中的每一项可以产生非空子集。对每一个子集，可以产生满足最小支持度的规则，但只有满足最小置信度要求的规则才是强规则。

例如，考虑{I1，I2，I5}，设最小置信度为 50%，则可以产生如表 4-7 所示的结果。

表 4-7　强规则的判定

| 规　　则 | 置信度 | 是否强规则 | 规　　则 | 置信度 | 是否强规则 |
|---|---|---|---|---|---|
| {I1，I2}→{I5} | 50% | 是 | {I1}→{I2，I5} | 33% | 否 |
| {I1，I5}→{I2} | 100% | 是 | {I2}→{I1，I5} | 29% | 否 |
| {I2，I5}→{I1} | 100% | 是 | {I5}→{I1，I2} | 100% | 是 |

### 3. Apriori 算法的不足

(1) 在每一步产生候选项目集时循环产生的组合过多，没有排除不应该参与组合的元素。

(2) 每次计算项集的支持度时，都对数据库中的全部记录进行了一遍扫描比较，I/O 负载很大。

针对上述缺点，提出了许多改进的方法。例如 FPTree 算法在不生成候选项的情况下，完成 Apriori 算法的功能；在 Apriori 裁剪规则基础上引进哈希表裁剪规则，使候选项集裁剪量增多的 DHP 算法等。具体细节，读者可以阅读相关文献。

### 4.3.4　K-Means 算法简介

K-Means 算法是一种聚类分析算法，属于无监督学习，其中"K"表示类别数，"Means"表示均值。顾名思义，K-Means 是一种通过均值对数据点进行聚类的算法。它通过预先设定的"K"值及每个类别的初始质心对相似的数据点进行划分，并通过划分后的均值迭代优化获得最优的聚类结果。

**1. 拟解决的问题**

K-Means 算法主要解决的问题如图 4-6 所示。可以看到，在图 4-6 的左边有一些点，用肉眼可以看出来有四个点群，但是如何通过计算机程序找出这些点群呢？K-Means 算法可以解决此类问题。

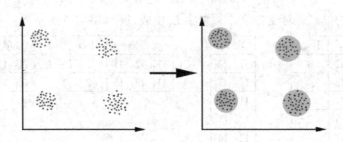

图 4-6　K-Means 要解决的问题

**2. 算法过程**

这个算法其实很简单，如图 4-7 所示。

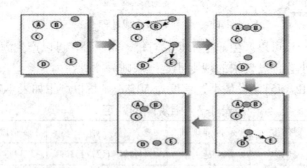

图 4-7　K-Means 算法过程

图 4-7 中有 A、B、C、D 和 E 五个点。假设 $K = 2$，灰色的点是设定的种子点。K-Means 算法如下：

(1) 随机选取 $K(K = 2)$ 个种子点。

(2) 求所有点到这 $K$ 个种子点的距离。假如点 Pi 离种子点 Si 最近，那么 Pi 属于 Si 点群。(从图 4-7 中可以看到 A 和 B 属于上面的种子点，C、D 及 E 属于下面中部的种子点。)

(3) 重新计算聚集点群的中心，移动种子点到属于它的"点群"中心(如图 4-7 的第三步所示)。一般来说,求点群中心点的算法是使用各个点到种子点的距离和的平均值,这其实也是 K-Means 算法名字的由来(距离计算方法参见 4.2.4 节的介绍)。

(4) 重复第(2)步和第(3)步,直到种子点没有移动(图 4-7 中的第(4)步上面的种子点聚合了 A、B 及 C,下面的种子点聚合了 D 和 E)。

### 3. K-Means 算法的优缺点

K-Means 算法的优点如下:

(1) 算法快速、简单。

(2) 对大数据集有较高的效率,并且是可伸缩性的。

(3) 时间复杂度近于线性,而且适合挖掘大规模数据集。K-Means 聚类算法的时间复杂度是 $O(nkt)$,其中 $n$ 代表数据集中对象的数量,$t$ 代表算法迭代的次数,$k$ 代表簇的数目。

K-Means 算法的缺点如下:

(1) $K$ 值需要事先给定,但在实际应用中 $K$ 值的选定是非常难以估计的。很多时候,事先并不知道给定的数据集应该分成多少个类别才最合适。

(2) 初始种子点随机设定不同的随机种子点会得到完全不同的结果。

(3) 对噪声点敏感,且可能产生空聚簇,特别是当 $K$ 比较大的时候。

针对上述缺点,提出了许多改进的方法。例如,ISODATA 算法通过类的自动合并和分裂,可以给出较为合理的 $K$ 初值,K-Means++算法可以有效地选择初始种子点。具体细节,读者可以阅读相关文献。

## 4.4  大数据分析的应用

在大数据时代,信息呈爆炸式增长,对人们的生产和生活都产生了深远的影响。大数据改变了人们的思维模式,刷新了对数据分析的认识,由过去的“向后分析”变成了“向前分析”。

### 4.4.1  文本分析

#### 1. 什么是文本分析

文本分析(Text Analysis)是文本挖掘、信息检索的一个基本问题,通过文本的表示及其特征项的选取和量化来表示文本信息。文本(Text)与信息(Message)的意义大致相同,指的是由一定的符号或符码组成的信息结构体,这种结构体可采用不同的表现形态,如语言的、文字的、影像的等。文本是由特定的人制作的,文本的语义不可避免地会反映人的特定立场、观点、价值和利益。因此,由文本分析可以推断文本提供者的意图和目的。

文本分析主要由文本表示、主题抽取和文本挖掘三步组成。

(1) 文本表示:主要是为了将非格式化、半结构化的文本数据处理成结构化的数据,以便以后的分析。非结构化的数据主要有文本,半结构化的数据有日志、网页、xml 和 json 格式文件等。

(2) 主题抽取:主要是对结构化的数据识别关键字、主题及相关性等。

(3) 文本挖掘：主要是根据识别出的关键字、主题等找出其中感兴趣的内容，并展示出来。

## 2. 文本分析的主要技术

### 1) 文本表示

目前有关文本表示的研究主要集中于文本表示模型的选择和特征项提取算法的选取上。表示文本的基本单位通常称为文本的特征或特征项，其具有以下特点：① 特征项要能够明确标识文本内容；② 特征项具有将目标文本与其他文本相区分的能力；③ 特征项的个数不能太多；④ 特征项分离要比较容易实现。在中文文本中可以采用字、词或短语作为表示文本的特征项。相比较而言，词比字具有更强的表达能力，而词和短语相比，词的切分难度比短语的切分难度小得多。因此，目前大多数中文文本分析系统都采用词作为特征项，称作特征词。

特征词作为文档的中间表示形式，可用来实现文档与文档、文档与用户目标之间的相似度计算。但是，如果把所有的词都作为特征项，那么特征向量的维数将过于巨大，从而导致计算量太大，在这样的情况下要完成文本分析几乎是不可能的。特征抽取(Feature Selection)的主要功能是在不损伤文本核心信息的情况下尽量减少要处理的单词数，并以此来降低向量空间维数，从而简化计算、提高文本处理的速度和效率。文本特征选择对文本内容的过滤和分类、聚类处理、自动摘要，以及用户兴趣模式发现、知识发现等有关方面的研究都有非常重要的影响。通常根据某个特征评估函数计算各个特征的评分值，然后按评分值对这些特征进行排序，选取若干个评分值最高的作为特征词。

TF-IDF(Term Frequency-Inverse Document Frequency)就是通过统计方法来评估一个字词对于一个文件集或一个语料库中的其中一份文件的重要程度的有效方法，可以帮助完成特征抽取。它的思想是统计字词出现的个数，字词的重要性随着它在文件中出现的次数成正比增加，但同时会随着它在语料库中出现的频率成反比下降。TF 表示词条在文档 $d$ 中出现的频率。IDF 表示逆向文件频率，公式的定义如下：

$$\text{tf\_idf}(t,\ d) = \text{tf}(t,\ d) \times \text{idf}(t,\ d)$$

$$\text{idf}(t,\ d) = \lg \frac{n_d}{1 + \text{df}(d,\ t)}$$

式中：tf($t$, $d$)指的是词频，即反映词条 $t$ 在文档 $d$ 中出现次数的多少；$n_d$ 是指文档总数；df($d$, $t$)指的是 $t$ 出现过的文档总数。如果包含词条 $t$ 的文档数越少，也就是 df($d$, $t$)越小，则 idf 越大。该方法的主要思想是：如果词条 $t$ 在某个文档出现较多，而在其他文档中又较少出现，则说明词条 $t$ 具有较好的类别区分能力，可以考虑将该词条作为特征项。

### 2) 主题模型

传统判断两个文档相似性的方法是通过查看两个文档共同出现的单词多少(如 TF-IDF 等)，这种方法没有考虑到文字背后的语义关联，可能在两个文档共同出现的单词很少甚至没有，但两个文档是相似的。

例如，有两个句子分别如下：

(1) 乔布斯离我们而去了。

(2) 苹果价格会不会降？

　　上面这两个句子没有共同出现的单词，但这两个句子在语义上有关联。如果按传统的方法判断，这两个句子肯定不相似。所以，在判断文档相关性的时候需要考虑到文档的语义，而主题模型可以学习到这些。在主题模型中主题表示一个概念或一个方面，表现为一系列相关的单词，是这些单词的条件概率。形象来说，主题就是一个桶，里面装了出现概率较高的单词，这些单词与这个主题有很强的相关性。

　　怎样才能生成主题？对文章的主题应该怎么分析？这是主题模型要解决的问题。

　　首先，可以用生成模型来看文档和主题这两件事。所谓生成模型，就是认为一篇文章的每个词都是通过"以一定概率选择了某个主题，并从这个主题中以一定概率选择某个词语"这样一个过程得到的。那么，如果要生成一篇文档，其中每个词语出现的概率为

$$p(\text{词语} \mid \text{文档}) = \sum_{\text{主题}} p(\text{词语} \mid \text{主题}) \times p(\text{主题} \mid \text{文档})$$

这个概率公式可以用矩阵表示，如图 4-8 所示。

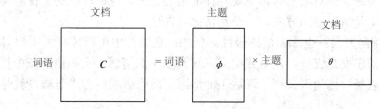

图 4-8　主题生成模型

　　其中，"文档-词语"矩阵表示每个文档中每个单词的词频，即出现的概率；"主题-词语"矩阵表示每个主题中每个单词的出现概率；"文档-主题"矩阵表示每个文档中每个主题出现的概率。

　　给定一系列文档，通过对文档进行分词，计算各个文档中每个单词的词频就可以得到左侧的"文档-词语"矩阵。主题模型就是通过左侧这个矩阵进行训练，得出右边两个矩阵。

　　主题模型有 PLSA(Probabilistic Latent Semantic Analysis)和 LDA(Latent Dirichlet Allocation)两种，其中 LDA 包含词、主题和文档三层结构。通常认为一篇文章的每个词都是通过一定概率选择了某个主题，并从这个主题中以一定概率选择某个词语。LDA 中主要涉及三个术语，即词语、文档和语料库，其主要思想是通过可以观测到的文章词语发现未知文章的主题。图 4-9 是经典的 LDA 图模型，首先选定一个主题向量 $\theta$，确定每个主题被选择的概率。然后在生成每个单词的时候，从主题分布向量 $\theta$ 中选择一个主题 $z$，按主题 $z$ 的单词概率分布生成单词。如果读者想了解详细内容，请查阅相关资料。

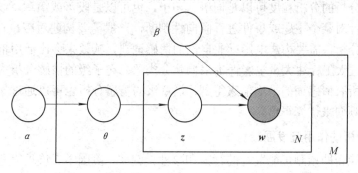

图 4-9　LDA 图模型

### 4.4.2　情感分析

情感和行为是交互的。周围的事物(人、文字、图像、音乐、视频等)影响你，决定你的情感；反过来，你的情感也影响行为，比如好的心情就会决定完成一次网上的购物。在大数据时代我们拥有了海量的数据，这些数据之间隐含的联系使我们捕捉以前认为"难以捉摸"的情感成为了可能。

#### 1. 什么是情感分析

情感分析(Sentiment Analysis)又称倾向性分析、意见抽取(Opinion Extraction)、意见挖掘(Opinion Mining)、情感挖掘(Sentiment Mining)、主观分析(Subjectivity Analysis)，主要是指对带有情感色彩的主观性文本进行分析、处理、归纳和推理的过程，如从评论文本中分析用户对"数码相机"的"变焦、价格、大小、重量、闪光、易用性"等属性的情感倾向。情感倾向可认为是主体对某一客体主观存在的内心喜恶、内在评价的一种倾向，由两个方面来衡量：一个是情感倾向方向，一个是情感倾向度。

(1) 情感倾向方向：也称为情感极性。例如：在微博中可以理解为用户对某客体表达自身观点所持的态度是支持、反对或中立，通常以正面情感、负面情感或中性情感表示。"赞美"与"表扬"同为褒义词，表达正面情感；而"龌龊"与"丑陋"就是贬义词，表达负面情感。

(2) 情感倾向度：是指主体对客体表达正面情感或负面情感时的强弱程度，不同的情感程度往往是通过不同的情感词或情感语气等来体现。例如："敬爱"与"亲爱"都是表达正面情感，同为褒义词。但是"敬爱"远比"亲爱"在表达情感程度上要强烈。通常在情感倾向分析研究中，为了区分两者的程度差别，采取给每个情感词赋予不同的权值来体现。

#### 2. 情感分析的方法

目前，情感分析的方法主要有两种：一种是基于情感词典的方法，一种是基于机器学习的方法(如基于大规模语料库的机器学习)。前者需要用到标注好的情感词典，英文的词典有很多，中文主要有知网整理的情感词典 Hownet 和台湾大学整理发布的 NTUSD 两个情感词典，还有哈工大信息检索研究室开源的《同义词词林》可用于情感词典的扩充。基于机器学习的方法则需要大量的人工标注的语料作为训练集，通过提取文本特征，构建分类器来实现情感的分类。

文本情感分析的分析粒度可以是词语、句子，也可以是段落或篇章。段落、篇章级情感分析主要是针对某个主题或事件进行倾向性判断，一般需要构建对应事件的情感词典，如电影评论的分析，需要构建电影行业自己的情感词典，其效果会比通用情感词典效果更好，也可以通过人工标注大量电影评论来构建分类器。句子级的情感分析大多是通过计算句子里包含的所有情感词的平均值来得到，篇章级的情感分析也可以通过聚合篇章中所有的句子的情感倾向来计算得出。

#### 3. 情感分析的作用及发展趋势

情感分析能帮助预测可能发生的行为和事件。例如，美国学者诶里克和卡里根据当天蕴含焦虑情绪的博客数量变化得出焦虑指数，依此反映公众情绪，并成功与股市的走势建立联系，该研究发现焦虑可让股价减缓上涨，即公众情绪的波动会影响股市，但股市却无法影响公众的情绪，它们之间似乎不存在双向的关系。该研究引起了很大的关注，这些情感数据在很大程度上成为许多企业关注的"数据资产"。

近年来，针对文本的情感分析一直是研究与应用的主要领域，随着技术与应用的融合，多模态(语音、图像、视频)的情感分析已成为研究的目标。可以预见，在不久的将来，通过交流过程中客户的语音可以探知客户的情绪，通过视频截取可以了解顾客的情绪，这些都将为企业决策提供很大的帮助。

### 4.4.3 推荐系统

传统零售业的货架空间是稀缺资源。然而，网络使零成本产品信息传播成为可能，"货架空间"变得丰富，而注意力变成了稀缺资源，从而催生了旨在向用户提供建议的推荐系统。推荐系统成为大数据分析创造价值的重要途径。

**1. 推荐系统的概念**

从计算的角度，推荐系统的基本输入是用户集 $X$ 和项目集 $S$，其中项目集是待推荐商品的集合(如商品、音乐、用户、文章等)。基本输出式是效用函数 $\mu: X \times S \to R$，其中 $R$ 是评分集，它是一个完全有序集。推荐系统需要解决的问题包括：如何收集已知评分形成 $R$ 矩阵，如何收集效用矩阵中的数据，如何根据已知的评分推断未知的评分，如何评估推断方法，如何衡量推荐方法的性能等。

**2. 推荐系统的实现方法**

推荐系统可以有多种实现方法，下面简单介绍常见的几种。

1) 基于内容的推荐

基于内容的推荐(Content-based Recommendation)是信息过滤技术的延伸与发展，是建立在项目的内容信息上的推荐，而不需要依据用户对项目的评价意见，更多地需要用机器学习的方法，从关于内容的特征描述的事例中得到用户的兴趣资料。在基于内容的推荐系统中，项目或对象通过相关的特征属性来定义，系统基于用户评价对象的特征，学习用户的兴趣，考察用户资料与待预测项目的相匹配程度。用户的资料模型取决于所用的学习方法，常用的有决策树、神经网络和基于向量的表示方法等。推荐使用的用户资料需要有用户的历史数据，用户资料模型也可能随着用户的偏好改变而发生变化。

基于内容的推荐方法的优点如下：

(1) 不需要其他用户的数据，没有冷启动问题和数据稀疏问题；

(2) 能为具有特殊兴趣爱好的用户进行推荐；

(3) 能推荐新的或不是很流行的项目，没有新项目问题；

(4) 通过列出推荐项目的内容特征，可以解释为什么推荐这些项目；

(5) 已有比较好的技术，如关于分类学习方面的技术已相当成熟。

基于内容的推荐方法的缺点是：要求内容能容易抽取成有意义的特征，要求特征内容有良好的结构性，并且用户的爱好必须能够用内容特征形式来表达，不能得到其他用户的判断情况。

2) 协同过滤推荐

协同过滤推荐(Collaboration Filtering Recommendation)是推荐系统中应用最早和最为成功的技术之一。它一般采用最近邻技术，利用用户的历史喜好信息计算用户之间的距离，然后利用目标用户的最近邻居对商品评价的加权评价值来预测目标用户对特定商品的喜好程度，从而根据这一喜好程度来对目标用户进行推荐。协同过滤推荐的最大优点是对推荐对象没有特殊的要求，能处理非结构化的复杂对象(如音乐、电影)。

协同过滤推荐是基于这样的假设：为用户找到他真正感兴趣内容的好办法是首先找到与此用户有相似兴趣的其他用户，然后将其感兴趣的内容推荐给此用户。这一基本思想非常容易理解，在日常生活中我们往往会借助好友的推荐来进行一些选择。协同过滤推荐正是把这一思想运用到了电子商务推荐系统中，基于其他用户对某一内容的评价来向目标用户进行推荐。

基于协同过滤的推荐系统可以说是从用户的角度来进行相应推荐的，而且是自动的，即用户获得的推荐是系统从购买模式或浏览行为等隐式获得的，不需要用户努力地找到适合自己兴趣的推荐信息(如填写一些调查表格等)。

3) 基于关联规则的推荐

基于关联规则的推荐(Association Rule-based Recommendation)是以关联规则为基础，将已购商品作为规则头，推荐对象作为规则体。关联规则挖掘可以发现不同商品在销售过程中的相关性，在零售业中已经得到了成功应用。管理规则就是在一个交易数据库中统计购买了商品 X 的交易中，有多大比例的交易同时购买了商品 Y，其直观的意义就是用户在购买某些商品的同时有多大倾向去购买另外一些商品。这种方法的第一步就是关联规则的发现，这是最为关键且最耗时的，但它可以离线进行。此外，商品名称的同一性问题是关联规则推荐的另一个难点。

4) 基于效用的推荐

基于效用的推荐(Utility-based Recommendation)建立在对用户使用项目的效用情况上，其核心问题是如何为每一个用户去创建一个效用函数。因此，用户资料模型很大程度上是由系统所采用的效用函数决定的。基于效用的推荐的好处是能把非产品的属性(如提供商的可靠性和产品的可得性等)考虑到效用计算中。

5) 基于知识的推荐

基于知识的推荐(Knowledge-based Recommendation)在某种程度上可以看作一种推理技术，它不是建立在用户需要和偏好基础上的。基于知识的推荐，因它们所用的功能知识的不同而有明显区别。效用知识是一种关于一个项目如何满足某一特定用户的知识，因此能解释需要和推荐的关系，所以用户资料可以是任何能支持推理的知识结构。它可以是用户已经规范化的查询，也可以是一个更详细的用户需要的表示。

3. 推荐方法的组合

由于各种推荐方法都有优缺点，因此在实际应用中组合推荐(Hybrid Recommendation)经常被采用。研究和应用最多的是基于内容的推荐和协同过滤推荐的组合。最简单的做法就是分别用基于内容的推荐方法和协同过滤推荐方法去产生一个推荐预测结果，然后用某种方法组合其结果。尽管从理论上有很多推荐组合方法，但在某一具体问题中并不见得都有效。组合推荐一个最重要的原则，就是通过组合来避免和弥补各自推荐技术的弱点。

## 4.5 大数据分析常用工具

用于数据分析的工具很多，常用的有 Excel、SPSS、SAS、MATLAB 等。在大数据环境下许多商业大数据分析工具也不断出现，如 Fuzzy Logix、Revolution Analytics、TIBCO 等厂商的基于数据库的大数据分析解决方案等。此外，R、Python 等具有丰富的数据分析包、机器学习包及超强的可扩展能力，使其适合于灵活、复杂的大数据分析应用。

### 1. Excel

Excel 作为一个入门级工具，是快速分析数据的理想工具，其自带的 ToolPak(分析工具库)和 Solver(规划求解加载项)可以完成基本描述统计、方差分析、统计检验、傅里叶分析、线性回归分析和线性规划求解工作。

### 2. SPSS

SPSS 原为英文 Statistical Package for the Social Science 的缩写，翻译成汉语是"社会学统计程序包"。20 世纪 60 年代末由美国斯坦福大学的三位研究生研制，1975 年在芝加哥组建 SPSS 总部。2009 年 7 月 28 日，被 IBM 公司用 12 亿美元现金收购。软件更名为 Statistical Product and Service Solutions，意为"统计产品与服务解决方案"。

SPSS 的特点是操作比较方便，统计方法比较齐全，绘制图形、表格较为方便，输出结果比较直观。除了基本的统计分析功能，SPSS 还提供了非线性回归、聚类分析、主成分分析和基本的时序分析，在某种程度上还可以进行简单的数据挖掘工作，比如 K-Means 聚类。此外，SPSS Modeler 的建模功能强大和智能化，可通过其自身的 CLEF(Clementine Extension Framework)框架和 Java 开发新建模插件，扩展性相当好，是一个不错的商业智能方案。

### 3. SAS

SAS 全称是 Statistical Analysis System，是由美国 NORTH CAROLINA 州立大学 1966 年开发的统计分析软件。1976 年 SAS 软件研究所(SAS Institute Inc)成立，开始进行 SAS 系统的维护、开发、销售和培训工作。经历了许多版本和多年来的完善与发展，SAS 系统在国际上已被誉为统计分析的标准软件，在各个领域得到广泛应用。

SAS 是一个模块化、集成化的大型应用软件系统，由数十个专用模块构成，功能包括数据访问、数据储存及管理、应用开发、图形处理、数据分析、报告编制、运筹学方法、计量经济学与预测等。SAS 系统基本上可分为 SAS 数据库、SAS 分析核心、SAS 开发呈现工具和 SAS 对分布处理模式的支持及其数据仓库设计四大部分，其中 Base SAS 模块是 SAS 系统的核心，其他模块均在 Base SAS 提供的环境中运行。用户可选择需要的模块与 Base SAS 一起构成一个用户化的 SAS 系统。

### 4. MATLAB

MATLAB 是 Matrix&Laboratory 两个词的组合，意为矩阵工厂(矩阵实验室)，是由美国 Mathworks 公司开发的主要面对科学计算、可视化及交互式程序设计的计算软件。它将数值分析、矩阵计算、科学数据可视化及非线性动态系统的建模和仿真等诸多强大功能集成在一个易于使用的视窗环境中，为科学研究、工程设计及必须进行有效数值计算的众多科学领域提供了一种全面的解决方案，并在很大程度上摆脱了传统非交互式程序设计语言(如 C、Fortran 等)的编辑模式。

MATLAB 拥有 600 多个工程中要用到的数学运算函数，可以方便实现用户所需的各种计算功能。这些函数集包括从最简单、最基本的函数到诸如矩阵、特征向量、快速傅立叶变换的复杂函数。函数所能解决的问题大致包括矩阵运算和线性方程组的求解、微分方程及偏微分方程组的求解、符号运算、傅里叶变换和数据的统计分析、工程中的优化问题、稀疏矩阵运算、复数的各种运算、三角函数和其他初等数学运算、多维数组操作及建模动态仿真等，是一个功能强大的数据分析软件。

### 5. R

R 是一个开源的分析软件，可以看作贝尔实验室的 Rick Becker、John Chambers 和 Allan Wilks 开发的 S 语言的一种实现。R 集统计分析与图形显示于一体，可运行于 Linux、Windows 和 Mac OS 等操作系统上，而且嵌入了一个非常方便、实用的帮助系统，使用非常方便，尤其是 R 具有超强的扩展性。现在 R 的 CRAN(Comprehensive R Archive Network，R 综合典藏网)收藏了 11000 多个开源包，其分析能力不亚于 SPSS 和 MATLAB 等商业软件，可用于经济计量、财经分析、人文科学研究及人工智能等各领域的分析研究。

### 6. Python

Python 是一种面向对象的解释型计算机程序设计语言，由荷兰人 Guido Van Rossum 于 1989 年发明，于 1991 年第一个公开发行版。自 2004 年以后，Python 的使用率呈线性增长。2011 年 1 月，Python 被 TIOBE 编程语言排行榜评为 2010 年度语言。现在 Python 已成为最受欢迎的程序设计语言之一。

Python 具有丰富和强大的库，常被昵称为胶水语言，能够把其他语言制作的各种模块(尤其是 C/C++)很轻松地联结在一起。Python 可以轻易完成各种高级任务，开发者可以用 Python 实现完整应用程序所需的各种功能。此外，除了 MATLAB 的一些专业性很强的工具箱无法替代之外，MATLAB 的大部分常用功能都可以在 Python 中找到相应的扩展库，Python 已经成为机器学习、科学计算及数学分析领域中的常用语言。

## 习　　题

1. 什么是大数据分析？它与传统的数据分析相比有什么不同？
2. 简述大数据分析的流程。
3. 大数据分析涉及哪些技术？它的难点是什么？
4. 简述不少于 3 种大数据分析的建模方法。
5. 说明大数据算法 Apriori 的主要思想。
6. 说明决策树属于什么学习方法，描述其主要步骤。

7. 说明聚类中距离和相似度如何计算，描述 K-Means 算法的主要思想。

8. 上网收集资料，列举说明生活中涉及的大数据分析的应用案例。

# 参 考 文 献

[1]　普贾帕提. R 与 Hadoop 大数据分析实战[M]. 北京：机械工业出版社，2014.

[2]　李诗羽，张飞，王正林. 数据分析 R 语言实战[M]. 北京：电子工业出版社，2014.

[3]　王宏志. 大数据分析原理与实践[M]. 北京：机械工业出版社，2017.

[4]　人大经济论坛. 从零进阶！数据分析的统计基础[M]. 北京：电子工业出版社，2014.

[5]　决策树简单介绍[EB/OL]. http://www.cnblogs.com/liwenqiao/p/5424517.html.

[6]　Apriori 算法简介[EB/OL]. http://www.360doc.com/content/13/1011/15/1200324_ 320587845. html.

[7]　深入浅出 K-means 算法[EB/OL]. http://www.csdn.net/article/2012-07-03/2807073-k-means.

[8]　WU X D. 数据挖掘十大算法[M]. 李文波，等译. 北京：清华大学出版社，2013.

[9]　常用数据分析软件[EB/OL]. https://www.zhihu.com/question/22178806/answer/130263860.

[10]　主题模型浅析[EB/OL]. http://blog.csdn.net/huagong_adu/article/details/7937616.

# 第 5 章　大数据可视化

大数据可视化这种新的视觉表达形式是伴随信息社会的蓬勃发展而出现的，是因为不仅要真实呈现世界，更要通过这种呈现来处理更庞大的数据，理解各种各样的数据，表现多维数据之间的关联。大数据可视化既涉及科学，也涉及设计，它的艺术性实际上是使用独特方法展示大千世界的某个局部。大数据可视化位于科学、设计和艺术三学科的交叉领域，在各个应用领域蕴含无限可能性。

## 5.1　大数据可视化技术概述

众所周知，当描述日常行为、行踪、喜欢做的事情时，这些无法量化的数据量大得惊人。很多人说，大数据是由数字组成的，而有时数字是很难看懂的。大数据可视化可以与数据交互，其超越了传统意义上的数据分析。大数据可视化带来了一种向世界展示生活的方式，让人们对枯燥的数字产生了兴趣。

### 5.1.1　数据可视化简史

数据可视化发展史与人类现代文明的启蒙以及测量、绘图等科技发展一脉相承。在地图、科学计算、统计图表和工程制图等领域，数据可视化的技术已经应用了数百年。

**1. 16 世纪之前：图表萌芽**

16 世纪时，人类已经开发了能够精确观测的物理仪器和设备，同时开始手工制作可视化图表。图表萌芽的标志是几何图表和地图生成，其目的是展示一些重要的信息。

**2. 17 世纪：物理测量数据可视化**

17 世纪最重要的科技进展是物理基本量测量理论和仪器的完善，它们被广泛应用于测绘、制图、国土勘探和天文领域，同时，制图学理论、真实测量数据等技术的发展也加速了人类对可视化的新思考。

**3. 18 世纪：图形符号**

进入 18 世纪，制图学家不再仅仅满足于在地图上展现几何信息，他们发明了新的图形形式及其他物理信息的概念图。这个时期是统计图形学的繁荣时期，陆续出现了折线图、柱状图、显示整体与局部关系的饼状图和圆图等。

**4. 19 世纪：数据图形**

19 世纪前半段，柱状图、饼图、直方图、折线图、时间线、轮廓线等统计图形和概念图迅猛发展。19 世纪后半段是统计图形的黄金时期,最著名的是法国人 Charles Joseph Minard 于 1869 年发布的描述 1812—1813 年拿破仑进军俄国首都莫斯科大败而归的历史事件的流图。

### 5. 1900—1949 年:现代启蒙

20 世纪前半段统计图形的主流化为数据可视化在商业、政府、航空、生物等领域提供了新的发现机会。心理学和多维数据可视化的加入是这个时期的重要特点。

### 6. 1950—1974 年:多维信息的可视编码

1967 年,法国人 Jacques Berlin 的《图形符号学》一书描述了关于图形设计的框架。这套理论奠定了数据可视化的理论基础。由于 PC 的大量普及,人们逐渐开始用计算机编程实现数据可视化。

### 7. 1975—1987 年:多维统计图形

20 世纪 70 年代以后,随着计算机技术的发展,人们处理的数据从简单的统计数据发展成更大规模的文本、网络、数据库及各种非结构化数据和高维数据。大数据的计算分析开始走上历史舞台,也对数据分析和可视化提出了更高的要求。

### 8. 1987—2004 年:交互可视化

这个时期数字化的非几何数据(如金融交易、社交网络、文本数据、地理信息等)大量产生,促生了多维、时变及非结构信息的大数据可视化需求,大量研究与应用都指向数据可视化交互功能。

### 9. 2005 年至今:可视分析学

进入 21 世纪,原有的数据可视化技术已经难以应对海量、高维、多源、动态数据的分析挑战,需要综合数据可视化、计算机图形学、数据挖掘等理论与方法,研究新的理论模型、可视化方法和交互方法,辅助用户在大数据或不完整数据环境下,快速挖掘有用的信息,以便做出有效决策,这就产生了可视分析学这一新兴学科。可视分析的基础理论和方法正在形成过程中,需要大量研究人员深入探讨,其实际的应用也在迅速发展中。

## 5.1.2 数据可视化的功能

从应用的角度来看数据可视化有多个目标,即有效地呈现重要特征、揭示数据的客观规律、辅助理解事物概念、对测量进行质量监控等。从宏观的角度分析,数据可视化有下面三个功能。

### 1. 记录信息

将大规模的数据记录下来,最有效的方式就是将信息成像或采用草图记载。不仅如此,可视化呈现还能激发人的洞察力,帮助验证科学假设。20 世纪三大发现之一的 DNA 分子结构就起源于对 DNA 结构的 X 射线衍射照片的分析,如图 5-1 所示。图中左边是 DNA 的 B 形 51 号 X 射线衍射照片,右边是 DNA 的 X 射线衍射照片与双螺旋结构的晶体学解释。从图像的形状确定 DNA 是双螺旋结构,同时得到两条骨架是反平行方向的、骨架在螺旋的外侧等重要的科学发现。

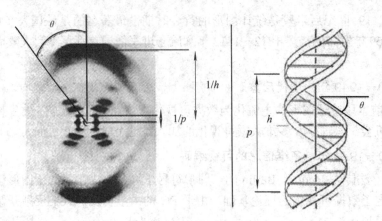

图 5-1　DNA 的分子结构

### 2. 信息分析与推理

　　将信息以可视化的方式呈献给用户，使用户可以从可视化结果分析和推理出有效的信息，提高认识信息的效率，数据可视化在对上下文的理解和数据推理方面有独到的作用。19 世纪欧洲霍乱大流行的时候，英国医生 John Snow 绘制了一张伦敦的街区地图，如图 5-2 所示。该图标记了每个水井的位置和霍乱致死的病例地点，清晰地显示有 73 个病例集中分布在布拉德街的水井附近。这就是著名的伦敦鬼图，在拆除布拉德街水井摇把之后不久，霍乱就平息了。

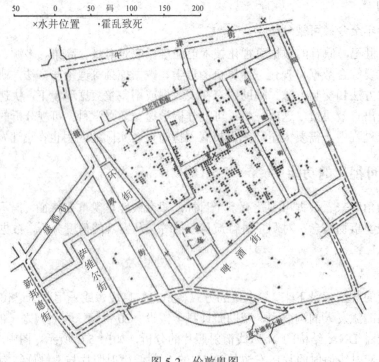

图 5-2　伦敦鬼图

### 3. 信息传播与协同

　　视觉感知是人类最主要的信息通道，人靠视觉获取了 70% 以上的信息。俗话说的"一图胜千言"或"百闻不如一见"就是这个意思，将复杂信息传播与发布给公众的最有效途径就是对数据进行可视化，以达到信息共享、信息协作、信息修正和信息过滤等目的。

以 1986 年美国"挑战者"号航天飞机失事为例，说明数据可视化在信息传播中的重要性。"挑战者"号航天飞机事故的直接原因是两个密封圈的故障，在航天飞机配件生产商提交给 NASA 的图表上，工程师只列出了密封圈爆裂的相关数据表格，没有足够的说服力。如果采用清晰的可视化图表，或许事故就不会发生了。

### 5.1.3 大数据可视化简介

在大数据时代，人们不仅处理着海量的数据，同时还要对这些数据进行加工、传播、分析和分享。当前，实现这些最好的方法就是大数据可视化。大数据可视化让数据变得更加直观、可信和具有美感，就像文学家写出诗歌一般美妙的文字，为不同的用户讲述各种各样的故事。

#### 1. 数据可视化与大数据可视化

数据可视化是关于数据的视觉表现形式的科学技术研究。这种数据的视觉表现形式被定义为一种以某种概要形式抽提出来的信息，它包括相应信息单位的各种属性和度量。

常见的柱状图、饼状图、直方图、散点图、折线图等都是最基本的统计图表，也是数据可视化最常见和最基础的应用。因为这些原始统计图表只能呈现数据的基本统计信息，所以当面对复杂或大规模结构化、半结构化和非结构化数据时，数据可视化的设计与编码就要复杂得多。

因此，大数据可视化可以理解为数据量更加庞大、结构更加复杂的数据可视化。大数据可视化侧重于发现数据中蕴含的规律特征，表现形式也多种多样，所以在数据海量增加的背景下大数据可视化将推动大数据技术更为广泛的应用。

#### 2. 大数据可视化的表达

从大数据可视化呈现形式来划分，大数据可视化的表达主要有以下方面。

##### 1) 数据的可视化

数据的可视化的核心是对原始数据采用何种可视化元素来表达。图 5-3 呈现的是中国电信区域人群检测系统，利用柱状图显示年龄的分布情况，利用饼图显示性别的分布情况。

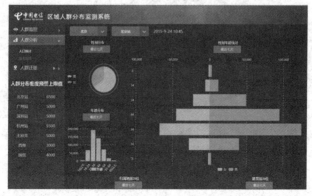

图 5-3 中国电信区域人群检测系统

2) 指标的可视化

在大数据可视化过程中，采用可视化元素的方式将指标可视化，会使可视化的效果增彩很多。图 5-4 是对 QQ 群大数据资料进行可视化分析，图中显示的是将近 300 人的 QQ 群数据，其中企鹅图标的节点代表 QQ 号，群图标的节点代表群。每条线代表一个关系，一个 QQ 号可以加入 N 个群，一个群也可以有 N 个 QQ 号加入。图中可以通过将线设置为不同颜色来区分群中成员的不同身份，还可以通过线的不同长短来区分成员的重要性，例如群主与管理员的关系线就比与普通的群成员长一些。

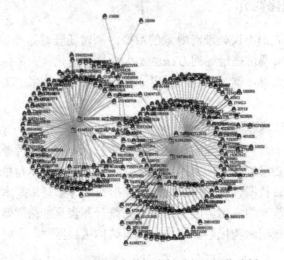

图 5-4　对 QQ 群大数据资料进行可视化分析

3) 数据关系的可视化

数据关系往往也是可视化数据核心表达的主题宗旨。图 5-5 是对自然科学领域 1431 种杂志中文章之间的 217 287 个相互引用关系网络的聚类可视化结果。所有 1431 个节点被分割聚合为 54 个模块，每个模块节点是一个聚类，而模块的大小则对应聚类中原来节点的数目。

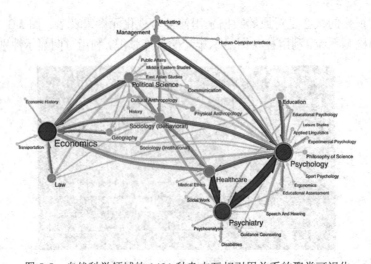

图 5-5　自然科学领域的 1431 种杂志互相引用关系的聚类可视化

**4) 背景数据的可视化**

很多时候光有原始数据是不够的，因为数据没有价值，信息才有价值。设计师马特·罗宾森和汤姆·维格勒沃斯用不同的圆珠笔、字体写"Sample"这个单词。因为不同字体使用的墨水量不同，所以每支笔所剩的墨水也不同，于是就产生了这幅很有趣的图(图 5-6)。在这幅图中不再需要标注坐标系，是因为不同的笔及其墨水含量已经包含了相应信息。

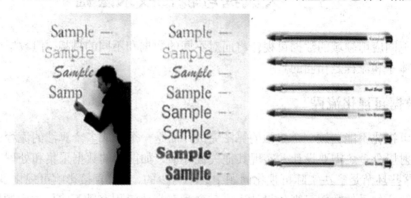

图 5-6　马特·罗宾森和汤姆·维格勒沃斯的字体测量

**5) 转换成便于接受的形式**

大数据可视化完成基本功能后可能还需要优化。优化包括按照人的接受模式、习惯和业务场景，甚至还需要考虑显示设备的能力进行综合改进，这样才能达到更好的效果。例如，做一个关于"销售计划"的可视化产品，原始数据是销售额列表，采用柱状图来表达，在图表中增加一条销售计划线来表示销售计划数据，最后在销售计划线上增加勾和叉的符号来表示完成和未完成计划，这样让看图表的人更容易接受更多的信息。

**6) 强化**

应用大数据就必须关注强化。因为是大数据，所以很多时候数据、信息、符号对于接受者而言是过载的，许多内容可能分辨不出来，这时就需要在原来的可视化结果基础上再进行优化。例如，在上述的"销售计划"中，假设这个图表重点是针对没有完成计划的销售员，那么可以强化叉是红色的。如果柱状图中的柱是黑色，勾也是黑色，那么红色的叉更为显眼。

**7) 集中展示**

对这个"销售计划"可视化产品来说，还有很大的完善空间。例如，为了让管理者更好地掌握销售销售情况，可以增加一张没有完成计划的销售人员数据表，这样管理者在掌控全局的基础上极易抓住所有焦点，逐一进行处理。

**8) 修饰**

修饰是为了让可视化的细节更为精准、优美，比较典型的工作包括设置标题，表明数据来源，对过长的柱子进行缩略处理、设置表格线的颜色，以及设置各种字体、图素粗细、颜色等。

**9) 完美风格化**

所谓风格化就是标准化基础上的特色化，最典型的有增加企业、个人的 LOGO，让人们知道这个可视化产品属于哪个企业、哪个人。而要真正做到完美的风格化，还需要很多不同的操作，如调整布局、颜色、图标、标注、线型，甚至动画的时间、过渡等方面，从而让人们更直观地理解和接受。

## 5.2　大数据可视化技术基础

尽管不同应用领域的数据可视化将面对不同的数据和不同的挑战，但数据可视化的基本步骤、体系和流程是相同的。

### 5.2.1　数据可视化流程

数据可视化不能通过一个单独的算法完成，而是一个集成多个算法的流程。除了基本的视觉映射以外，还需要设计并实现其他关键环节，如前端的数据采集和处理，后端的用户交互。这些环节是解决实际可视化问题中必不可少的，并且直接影响可视化呈现的效果。

作为一个优秀的数据可视化设计人员，熟悉可视化流程有助于将原始问题进行分解，从而降低设计的复杂度。对于数据可视化开发人员，熟悉可视化流程便于使软件开发模块化，提高代码的可重用性和开发效率。而对于底层的可视化软件开发人员，熟悉可视化流程有助于设计编程界面、工具库和其他软件模块。

数据可视化流程一般以数据流向为主线，主要分为数据采集、数据处理、可视化映射和用户感知四大模块，整个数据可视化流程可以看成是数据流经过一系列处理模块并得到转换的过程。用户可以通过可视化交互与其他模块进行互动，向前面模块反馈而提高数据可视化的效果，具体的数据可视化流程有多种。图 5-7 是一个数据可视化流程的概念模型。

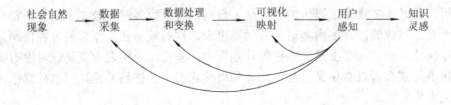

图 5-7　数据可视化流程的概念模型

#### 1. 数据采集

大数据是大数据可视化操作的对象，数据可以通过调查记录、仪器采样和计算模拟等方式采集。数据采集的方式直接决定了数据的类型、维度、大小、格式、精确度和分辨率等重要性质，而且在很大程度上决定了数据可视化的呈现效果。了解数据的来源、采集方法和数据属性，才能有的放矢地解决问题并形成完善的可视化解决方案。例如，在医学图像可视化中了解 CT 和 MRI 数据成像原理、数据来源和信噪比，有助于设计更有效的可视化方法。

#### 2. 数据处理和变换

数据处理和变换一般被认为是数据可视化流程中的前期处理。因为原始数据在采集完成后不可避免地含有误差和噪声，并且数据的特征和模式也可能被隐藏。而数据可视化需要将用户难以理解的原始数据变换成用户容易理解的模式或特征，并呈现出来。这个过程包括滤波、去噪、数据清洗和特征提取等，为后面进行的可视化映射做准备。

随着科学技术、工程技术和社会经济的高速发展，无论是仪器采集、调查记录，还是计算机模拟产生的数据都越来越呈现海量、高维、高分辨率和高精度的趋势，对原始数据直接进行数据可视化，不仅可能超出了计算机系统处理器和内存的极限，也超出了人类感知的极限。从数据可视化的角度来看，信息也并非越多越好。只有通过数据处理和变换达到简化数据的目的，才能使用户从数据中获得有用的知识和灵感。

数据经过处理和变换后，通常会损失原始数据中的一些信息或加入本来不存在的信息。因此，在设计数据可视化方法时，需要慎重考虑数据的性质及用户的需求，有针对性地选择合适的数据处理和变换，并向用户表明数据处理和变换可能导致的数据损失或增加。

数据处理和变换的应用范围十分广泛。计算机科学和数学领域中的很多学科都涉及数据处理和变换，例如，计算机科学领域的数据挖掘、机器学习、模式识别和计算机视觉都属于利用人工智能分析、理解数据的学科，它们采用诸如聚类、统计、滤波和贝叶斯分析等方法进行数据处理和变换。数据可视化与这些学科区别在于，数据可视化更加注重发掘人类的视觉及其他感知能力，以及直觉、顿悟和经验来分析数据。但是从最终对数据的理解和知识发现的目的来看，数据可视化和各类人工智能方法又是一致的。总而言之，数据可视化与人工智能方法各司其职、相互促进。对于数据可视化中常用的数据处理和变换的方法，感兴趣的读者可以查阅数据挖掘、模式识别、机器学习和计算机视觉领域的相关文献。

### 3. 可视化映射

可视化映射是整个数据可视化流程中的核心。该步骤将数据的类型、数值、空间坐标及不同位置数据间的联系等映射成可视化通道中诸如位置、标记、颜色、形状和大小等不同的元素。这种映射的最终目的是让用户通过数据可视化观察数据和数据背后隐含的规律及现象。因此，可视化映射并不是一个孤立的过程，而是与数据、感知、心理学、人机交互等方面相互依托、共同实现的。

### 4. 用户感知

用户感知是从数据可视化结果中提取信息、灵感和知识。数据可视化与其他数据分析处理方法最大的不同就是用户起到的关键作用，可视化映射后的结果只有通过用户感知才能转换成知识和灵感。用户进行可视化的目标任务主要有三种：生成假设、验证假设和视觉呈现。数据可视化可用于在数据中探索新的假设，也可以证实相关假设与数据是否吻合，还可以帮助专家向公众展示数据中隐含的信息。

数据可视化流程中各个模块之间的联系并不是依照顺序的线性联系，而是任意两个模块之间都存在联系。例如，可视化交互是在数据可视化过程中，用户控制修改数据采集、数据处理和变换、可视化映射各模块而产生新的可视化结果，并反馈给用户的过程。

## 5.2.2　数据可视化编码

可视化编码(Visual Encoding)是数据可视化的核心内容，指将数据信息映射成可视化元素，映射结果通常具有表达直观、易于理解和记忆等特性。可视化元素由标记和视觉通道、可视化编码元素的优先级及统计图表的可视化三方面组成。

### 1. 标记和视觉通道

数据的组织方式通常是属性和值，与之对应的可视化元素就是标记和视觉通道。其中，标记是从数据属性到可视化元素的映射，用以直观地表示数据的属性归类；视觉通道是从数据属性的值到标记的视觉呈现参数的映射，用于展现数据属性的定量信息。两者的结合可以完整地将数据信息进行可视化表达，从而完成可视化编码这一过程。

高效的数据可视化可以使用户在较短的时间内获取的原始数据更多、更完整，而其设计的关键因素是标记和视觉通道的合理运用。标记通常是一些几何图形元素，如点、线、面、体等，如图5-8所示。

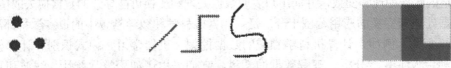

图 5-8　可视化表达的标记示例

视觉通道用于控制标记的视觉特征，通常可用的视觉通道包括标记的位置、大小、形状、颜色、方向、色调、饱和度及亮度等，如图5-9所示。

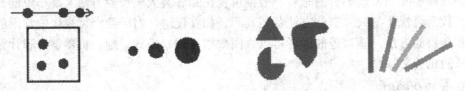

图 5-9　可视化表达的常用视觉通道

标记的选择通常基于人们对于事物理解的直觉。然而，不同的视觉通道表达信息的作用和能力可能具有截然不同的特性。为了更好地分析视觉通道编码数据信息的潜能，并用以完成数据可视化的任务，可视化设计人员首先必须了解和掌握每个视觉通道的特性及其可能存在的相互影响。例如：在数据可视化设计中有多少不同的视觉通道可供使用？应该优选哪些视觉通道？某一个视觉通道能编码什么信息？包含多少信息量？不同视觉通道表达能力有何差别？哪些视觉通道互不相关？而哪些又相互影响？

### 2. 可视化编码元素的优先级

设计数据可视化方法时有很多选择。例如，在设计可视化地图上的温度场或气压场时，可以选择颜色、线段的长度或圆形的面积等，因此需要在多种可视化元素里面做出选择。数据可视化的有效性取决于用户的感知。尽管不同用户的感知能力会有一定的差别，仍然可以假设大多数人对可视化元素的感知有规律可循。Cleveland 等研究人员发现，当数据映射为不同的可视化元素时，人对不同可视化元素的感知准确性是不同的。图5-10给出了可视化元素在数值型数据可视化中的编码优先级。

数据可视化的对象不仅包含数值型数据，也包括非数值型数据。图5-10中排序对数值型数据可视化有指导意义，但是对非数值型数据却不适用，图5-10底层的颜色对区分不同种类数据非常有效。图5-11显示了可视化元素对数值型数据、有序型数据和类别型数据的有效性排序。

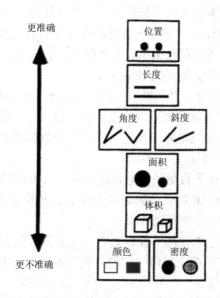

图 5-10　可视化元素在数值型数据可视化中的编码优先级

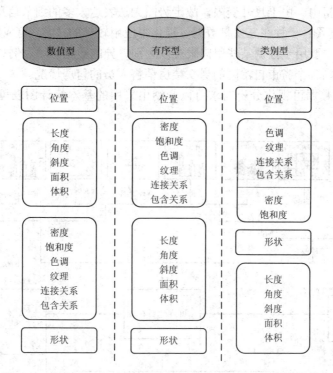

图 5-11　优先级自上而下的基本数据类型适用的可视化编码方式

### 3. 统计图表的可视化

在数据可视化的发展历史中，从统计学中发展而来的统计图表起源很早、应用广泛，而且是很多大数据可视化方法发展的起点和灵感来源。下面介绍一些基于常用统计图表的可视化。

(1) 柱状图：由一系列高度不等的纵向长方形条纹组成，是表示不同条件下数据的分布情况的统计报告图。长方形条纹的长度表示相应变量的数量、价值等，常用于较小的数据及分析。

(2) 直方图：对数据集的某个数据属性的频率统计图。直方图可以直观地呈现数据的分布、离群值和数据分布模态。长方块宽度的选择是否合适决定了直方图的呈现质量。

(3) 饼图：用圆形及圆内扇形面积表示数值大小的图形，用于表示总体中各组成部分所占的比例，要求各部分所占比例之和等于1。

(4) 散点图：一种以笛卡尔坐标系中点的形式表示二维数据的方法。每个点的横坐标、纵坐标代表该数据在该坐标轴所表示维度上的属性值大小。散点图在一定程度上表达了两个变量之间的关系，不足之处是难以在图上获得每个数据点的信息，但是结合图标等手段可以在散点图上展示部分信息。

(5) 等值线图：利用相等数值的数据点连线来表示数据的连续分布和变化规律。等值线图中的曲线是空间中具有相同数值的数据点在平面上的投影。典型的等值线图有平面地图上的地形等高线、等温线、等湿线等。

(6) 热力图：使用颜色来表达位置相关的二维数据数值大小。这些数据常以矩阵或方格形式整齐排列，或者在地图上按照一定的位置关系排列，由每个数据点的颜色来反映数值的大小。

(7) 走势图：是一种紧凑简洁的时序数据趋势表达方式，常以折线图为基础，经常直接嵌入文本或表格中。由于尺寸受限，故走势图无法表达太多的细节信息。

(8) 颜色映射图：一种在三变量数据可视化中应用较广的技术，可应用于不同的任务、类型的数据集，主要用于强调某些用肉眼难以区别差异的数据区域。例如，用颜色映射图中的颜色代表中国各个省市自治区的男女楼房销售人员的售房情况。

根据不同的数据可视化分析需求可以归纳出采用的基本统计图表可视化方法，如图5-12所示。

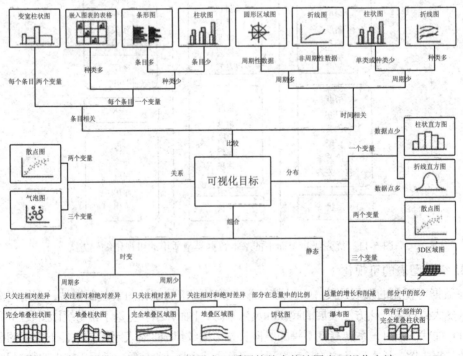

图5-12　不同可视化分析需求可采用的基本统计图表可视化方法

### 5.2.3　数据可视化设计

#### 1. 数据可视化设计标准

在进行数据可视化设计时有适合大多数可视化设计的标准，可以帮助设计者实现不同风格可视化设计及寻求最佳设计。下面列出常见的一部分标准。

##### 1) 强表达力

数据可视化的目的是反映数据的数值、特征和模式等。能否真实、全面地反映数据的内容是衡量数据可视化设计最重要的标准。由于可视化交互也是很多数据可视化设计不可分割的一部分，因此表达力也应该将用户在可视化交互中获得的信息考虑在内。

##### 2) 强有效性

有效性代表用户对可视化显示信息的理解效率。一个有效的数据可视化是指利用合适的可视化元素组合，在短时间内数据信息以用户容易理解的方式显示出来。用户理解显示信息的时间越短，有效性就越高。

##### 3) 简洁性

在数据可视化中，可以将简洁这个思想理解为用最简单的可视化方法表达需要显示的信息。简洁的数据可视化可以在有限的空间里表达更多的数据，易于理解且不易产生误解。

##### 4) 易用性

数据可视化与其他很多计算机数据分析和处理的学科不同，需要用户作为分析理解数据的主体进行可视化交互和反馈。因此，易用性是数据可视化设计中需要考虑的目标。一方面，用户交互的方式应该自然、简单、明了；另一方面，在进行数据可视化设计时，还要考虑可以在不同平台上的安装和运行。

##### 5) 美感

数据可视化设计的侧重点虽然不是视觉美感，但视觉上的美感可以让用户更易于理解可视化表达的内容，更专注于对数据的考察和度量，从而提高数据可视化的效率。在可视化中颜色是使用最广泛的视觉通道，也是经常被过度或错误使用的重要视觉参数。使用错误的颜色映射或使用过多的颜色来表示大量数据属性，都可能使数据可视化的美感丧失，甚至导致视觉混乱。

#### 2. 数据可视化设计的步骤

(1) 确定数据到图形元素和视觉通道的映射。

(2) 视图的选择与用户交互控制的设计。

(3) 数据的筛选即确定在有限的可视化视图空间中选择适量的信息进行编码，以避免在数据量很大的情况下产生视觉混乱。

#### 3. 数据可视化设计的直观性

在选择合适的可视化元素(如标记和视觉通道)进行数据映射的时候，设计者首先要考虑的是数据的语义和可视化用户对象的个性特征。一般来说，数据可视化的一个重要核心作用是使用户在最短的时间内获取数据的整体信息和大部分的细节信息，这是直接阅读数据无法完成的。如果数据可视化的设计者能够预测用户在使用可视化结果时的行为和期望，并用其指导自己的数据可视化设计过程，这会在一定程度上促进用户对可视化结果的理解，从而提高数据可视化设计的可用性和功能性。

从数据到可视化元素的映射，需要充分利用人们已有的先验知识，从而降低人们对信息的感知和认识所需要的时间。图 5-13 所示的数据可视化设计实际上是一个散点图的可视化技术应用。在点标记的选择上设计者采用了一些纹理贴图来表示不同的行星，用横轴表示距离，纵轴表示公转周期，同时使用了标签描述各行星的数据，整体呈现的信息让人一目了然。

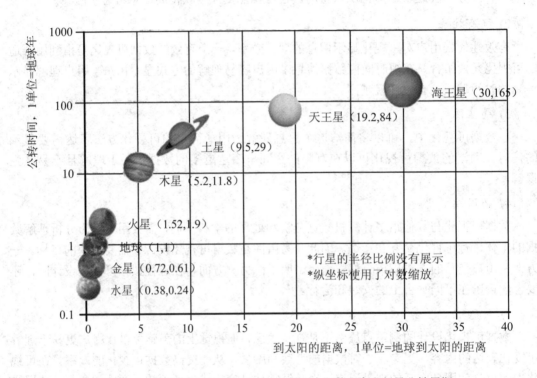

图 5-13　使用散点图的形式可视化行星到太阳的距离和行星公转周期

### 4. 网格及其标注的使用

用户观察没有任何标注的坐标轴上的点时，既不知道每个点的具体数值，也不知道该点所代表的具体含义。常规的做法是给坐标轴标记尺度，再给相应的点标记一个标签来显示该数据的值，最后给整个可视化赋予一个简单、明了的标题。另外，设计者可通过在水平和竖直方向加上均匀网格线，提高用户对可视化中点的数值进行比较时的精度。图 5-14 展示了网格及其标注是否被合理使用的例子，从左至右分别是网格的过多使用、合理使用和过少使用。可以看出，合理使用网格及其标注，才能让数据所映射的点被用户很好地理解。

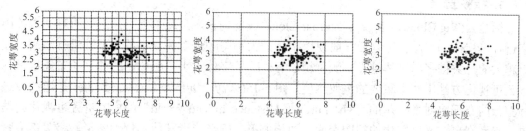

图 5-14　网格及其标注是否被合理使用

# 5.3　大数据可视化应用

在数字信息时代，大数据可视化技术在时空数据、地理空间数据、网络数据、跨媒体数据等领域有着广泛的应用。综合多种传播媒体获取和理解信息已经成为信息传播的发展潮流。多媒体是指组合两种或两种以上媒体的一种人际交互式信息交流和传播媒体，跨媒体则强调信息在不同媒体之间的分布和关联。本节主要介绍跨媒体数据中的文本数据、社交网络数据、日志数据和地理信息数据的大数据可视化应用，以及大数据可视化的交互应用。

## 5.3.1　文本可视化

文本作为人类信息交流的主要载体之一，对其进行可视化能有效帮助人们快速理解和获取其中蕴含的信息。文本信息在人们日常生活中几乎无处不在，如新闻、邮件、微博、小说和书籍等。

文本可视化是大数据可视化研究的主要内容之一，是指对文本信息进行分析，抽取其中的特征信息，并将这些信息以易于感知的图形或图像方式展示。文本可视化结合了信息检索、人机交互、可视化等技术，可以说是信息时代的润滑剂。由于文本类别的多样性及读者需求的多样性，人们提出了各类文本可视化方法，包括普适性文档可视化方法、针对特定文档类别和分析需求的可视化方法。文本可视化基本流程包括三个主要步骤，即文本处理、可视化映射和交互操作，整个过程应该围绕用户分析的需求设计。其中，文本处理是文本可视化流程的基础步骤，主要任务是根据用户需求对原始文本资源中的特征信息进行分析，如提取关键词或主题等。对文本原始数据进行处理主要包括三个基本步骤，即文本数据预处理、特征抽取及特征度量。对文本原始数据进行预处理的目的是去除原始数据中一些无用或冗余的信息，常用分词技术与词干提取等方法。此外，还要对文本进行净化处理，抽取可代表整个文档的特征信息。可视化映射是指以合适的视觉编码和视觉布局方式呈现文本特征。其中，视觉编码是指采用合适的视觉通道和可视化图符表征文本特征；视觉布局是指承载文本特征信息的各个图元在平面上的分布和呈现方式。

对同一个可视化结果，不同用户感兴趣的部分可能不完全相同，而交互操作提供了在可视化视图中浏览和探索感兴趣部分的手段。下面根据文本的模式或结构、文档的主题或主题分布、文本中的关联等特征阐述一些文本数据可视化的经典案例和应用。

#### 1. 标签云

标签云(Tag Cloud)又称文本云(Text Cloud)或单词云，是最直观、最常见的对文本关键字进行可视化的方法。标签云一般使用字体的大小与颜色对关键字的重要性进行编码。权重越大的，关键字的字体越大，颜色越显著。除了字体大小与颜色，关键字的布局也是标签云可视化方法中一个重要的编码维度。图 5-15(来源于 http:/www.worldle.net)是通过改进标签云的布局来对泰戈尔的"The Furthest Distance In The World"的内容进行可视化的结果。它允许自定义可视化的视图空间，如长方形、圆形或者其他不规则图形，将关键字紧密地布局在视图空间。

图 5-15　Worldle 可视化泰戈尔的"The Furthest Distance In The World"

#### 2. 小说视图

小说视图(Novel Views)方法是使用简单的图形将小说中的主要人物在小说中的分布情况进行可视化。图 5-16(来源于 http://neoformix.com/2013/NovelViews.html)的示例展示了小说《悲惨世界》中主要人物在各个章节的出现情况。在纵轴上，每个小说人物按照首次出现的顺序从上至下排列；在横轴上，分成几个大块表示整套书中的一卷，每一卷中用灰色线段表示一本书，小矩形表示每个章节。矩形高度表示相应的人物在该章节出现的次数；矩形的颜色编码表示章节的感情色彩，如用红色表示消极，蓝色表示积极。从图 5-16 的示例可以看出整部小说是消极的基调。

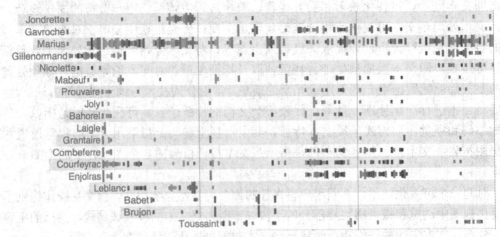

图 5-16　小说视图方法对小说《悲惨世界》中人物出现频率的可视化结果(部分)

### 3. 主题山地

主题山地(Theme Scapes)方法使用了抽象的三维山地景观视图，隐喻文档集合中各个文档主题的分布，其中高度和颜色用来编码主题相似的文档密度。图 5-17 所示每个文档被映射成视图中的点，点在视图中的距离与文档主题之间的相似性成正比例关系。点密度分布越大，表明属于该类主题的文档数量越多，其高度越高。将文档密度相同的主题用等高线进行了划分和标记，方便用户比较文档集合中各个主题的数量。

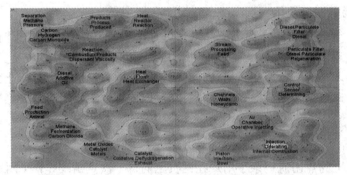

图 5-17　主题山地可视化示例

### 4. 主题河流

主题河流(Theme River)是用于时序型文本数据可视化的经典方法。时序型文本通常是指具有内在顺序的文档集合，如一段时间内的新闻报道、一套丛书等。时间轴是时序型文本的重要属性，需要重点考虑时间轴的表示及可视化。图 5-18 所示的主题用一条河流状颜色带表示，横轴作为时间轴，宽度表示该主题相关的文本数量。

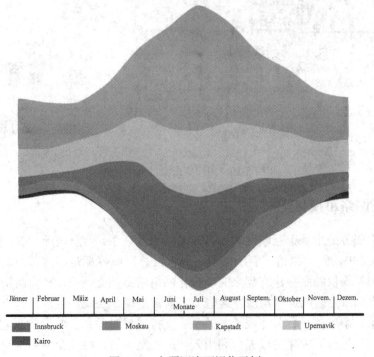

图 5-18　主题河流可视化示例

### 5.3.2　日志数据可视化

日志数据可以理解为一种记录所观察对象的行为信息的数据。日志数据的来源多种多样，如电子商务网站的海量交易记录、银行系统的财务记录、集群网络产生的大量系统日志数据、GPS 和移动通信设备的记录等。下面根据可视化数据来源的差异，阐述一些日志数据可视化的经典案例和应用。

#### 1. 商业交易数据可视化

淘宝、京东、亚马逊等电子商务交易平台每时每刻都在产生用户购买商品的交易信息。这些信息包括用户登记的姓名、年龄、职业、邮寄地址、累计花销、成交商品、成交金额、成交时间等属性，这些信息与交易记录具有巨大的数据分析价值。对商业交易数据进行可视化会直观形象地展示数据，提高数据分析和数据挖掘效率，从而带来可观的经济效益和社会效益。

#### 2. 用户点击流可视化

用户在网页上的点击流记录了用户在网页上的每一次点击动作，可用于分析用户在线行为模式、高频点击流序列和特定行为模式等用户的统计特征。图 5-19 是用户点击流可视化示例，其中(a)中不同灰度的色块表示用户的某种点击流，(b)中不同灰度的色块表示页面上的不同区域，(c)则表示用户行为的统计特征。

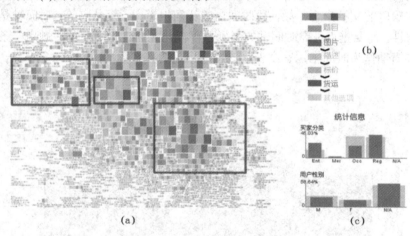

图 5-19　用户点击流可视化示例

### 5.3.3　社交网络可视化

社交网络服务是指基于互联网的人与人之间相互联系、信息沟通和互动娱乐的运作平台。Facebook、Twitter、微信、新浪微博、人人网、豆瓣等都是当前普及的社交网站，基于这些社交网站提供的服务建立起来的虚拟化网络就是社交网络。社交网络是一个网络型结构，由节点和节点之间连接组成。这些节点通常是指个人或者组织，节点之间的连接关系有朋友关系、亲属关系、关注或转发关系、支持或反对关系、共同的兴趣爱好等。

对社交网络进行可视化可以充分利用人们的视觉通道，将社交网络信息以生动、易理解的方式呈现，使专家和普通用户有效地从可视化结果中获得需要的信息。社交网络可视化是人们了解社交网络的结构、动态、语义等方面的重要工具。不同用户期待获取不同的信息,所以可视化结果需要呈现出社交网络不同方面的内容。下面根据可视化所需揭示的内容,阐述一些社交网络可视化的经典案例和应用。

**1. 结构型**

结构型可视化着重于展示社交网络的结构,即体现社交网络中参与者和他们之间的拓扑关系结构。常用的结构型可视化方法是节点链接图,其中节点表示社交网络的参与者,节点之间的链接表示两个参与者之间的某一种联系,包括朋友关系、亲属关系、关注或转发关系、共同的兴趣爱好等。通过对边和节点的合理布局可以反映社交网络中的聚类、社区及潜在模式等。图 5-20 的可视化结果描述了中国一所大学中乒乓球俱乐部成员之间的社会关系,节点表示俱乐部成员,两个节点之间的连线代表两个节点的成员经常出现在除俱乐部之外的其他场合。整个社交网络有 34 个节点和 78 条边。

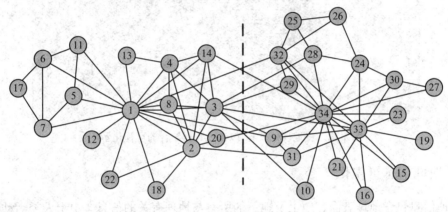

图 5-20　乒乓球俱乐部网络图

**2. 时序型**

社交网络中用户的行为具有时间信息,将时间信息作为属性融入社交网络的可视化,可以反映社交网络的动态变化情况。图 5-21 显示了本·拉登的死亡消息在 Twitter 上的传播折线图。

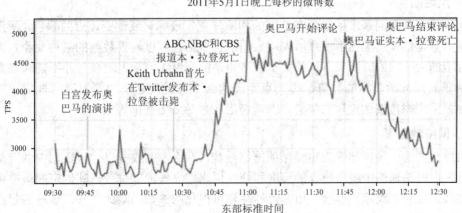

图 5-21　本·拉登的死亡消息在 Twitter 上的传播折线图

### 3. 基于位置信息的可视化

基于微博参与者位置信息的可视化对分析不同地区差异、交通梳理等具有重要价值。图 5-22 是将 Twitter 数据与地理位置结合的可视化结果，表示将该城市的各个位置所发出的 Twitter 进行累加，得到该城市的 Twitter 分布情况，灰度越深则表示该地点发布的 Twitter 越多。此外，从图中的可视化结果也可以看出人们在城市中实际生活和经常去的地方。

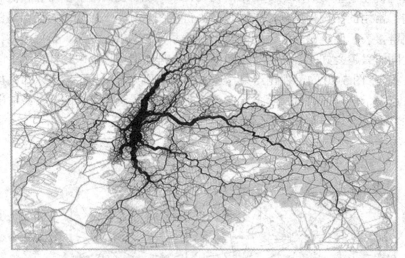

图 5-22　将地理位置与 Twitter 数据结合的可视化示例

## 5.3.4　地理信息可视化

地理信息包含地球表面、地上及地下的所有与地理有关的信息。由于人类活动的主要空间是地球，因此很多工程实践、社会活动和科学研究所产生的数据都含有地理信息。对这些地理数据进行采集、描述、储存、运算、管理、分析和可视化的系统，称为地理信息系统(GIS)。地理信息数据的可视化是 GIS 的核心功能，在日常生活中应用十分广泛，如高德地图、凯立德地图、GPS 导航、用户手机信息跟踪、汽车轨迹查询等。下面根据地理信息可视化数据映射形式的差异，阐述一些地理信息可视化的经典案例和应用。

### 1. 点地图

可视化点数据的基本手段是在地图的相应位置摆放标记或改变该点的颜色，所形成的结果称为点地图。点地图不仅可以表现数据的位置，也可以根据数据的某种变量，调整可视化元素的大小，如圆圈和方块的大小或者矩形的高度。由于人眼视觉并不能精确判断可视化标记的尺寸所表达的数值，因此点地图的一个关键问题是如何表现可视化元素的大小。如果采用颜色表达定量的信息，就需考虑颜色感知方面的因素。

### 2. 网络地图

网络地图是一种以地图为定义域的网络结构，网络中的线段表达了数据中的链接关系与特征。在网络地图中线段端点的经度和纬度用来定义线段的位置，其他空间属性可以映射成线段的颜色、纹理、宽度、填充及标注等可视化的参数。除此之外，线段的起点与终点、不同线段的交点可以用来编码不同的数据变量。

### 3. 等值区间地图

等值区间地图是最常用的区域地图方法。该方法假定地图上每个区域内的数据分布均匀，将区域内相应数据的统计值直接映射为该区域的颜色，每个区域的边界是封闭的曲线，等值区间地图可视化的重点是数据的归一化处理和颜色映射的方法。

## 5.3.5　数据可视化交互

大数据可视化帮助用户洞悉数据内涵的主要方式有两种：显示和交互。这两种方式互相补充，并处于一个反馈的循环中。可视化显示是指数据经过处理和可视化映射，转换成可视化元素并且呈现。可视化交互是指将用户探索数据的意图传达到可视化系统中，以改变可视化显示。

数据可视化用户界面设计中可采取多种可视化交互方式，但其核心思路是先看全局，放大并过滤信息，继而按要求提供细节。在实际设计中交互模型是设计的起点，需要根据数据和任务进行补充和拓展。下面根据可视化交互方法的差异，阐述一些数据可视化交互的经典案例和应用。

### 1. 探索

可视化交互中的探索操作让用户主动寻找并调动可视化程序去寻找感兴趣的数据，探索过程中通常需要在可视化中加入新数据或去除不相关的数据。例如，在三维空间中可以由用户指定更多的数据细节，通过调整绘制的参数(包括视角方向、位置、大小和绘制细节程度等)实现交互调节。图 5-23 是一个用户可变换视点从不同角度观察目标的三维数据探索过程。

图 5-23　一个昆虫的三维数据探索过程

### 2. 简化或具体

面对超大规模的数据可视化需要先简化数据再进行显示。简化的具体程度可以分成不同的等级，常用的方法有三种。第一种，通过用户交互改变数据的简化程度且在不同的层次上显示，是可视化交互中广泛应用的方法；第二种也是最直观的调整数据简化程度的方法，是可视化视图的放大或缩小操作；第三种是通过改变数据结构或者调整绘制方法，来实现简化操作。图 5-24 是同一个三维数据在不同简化级别上的结果。

图 5-24　同一个三维数据在不同简化级别上的结果

### 3. 数据过滤

数据过滤可以选取满足某些性质和条件的数据，而滤除其他数据。在过滤交互过程中除了现实的对象在改变外，可视化的其他元素(如视角和颜色)均保持不变。这种可视化交互方式既减少了显示上的重叠问题，也有利于用户有选择性地观察某一类有共同性质的数据。图 5-25 是两个过滤操作在平行坐标上的效果，通过过滤这种数据可视化交互操作，相关数据被更好展现，更便于用户观察可视化结果中的图案。

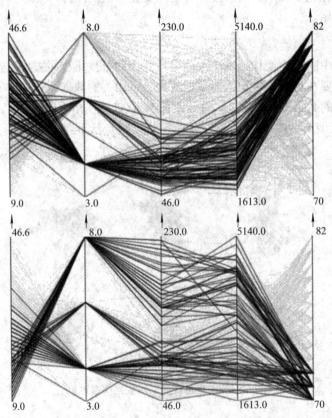

图 5-25　两个过滤操作在平行坐标上的效果示例

# 5.4　大数据可视化软件和工具

在大数据可视化方面，如今用户有大量的工具可供选用，但哪种软件或工具最适合将取决于数据的类型及可视化数据的目的，而最有可能的情形是将某些软件和工具结合起来才是最适合的。本节首先介绍大数据可视化软件的分类，然后具体介绍科学可视化、可视化分析和信息可视化领域的一些比较典型的可视化软件系统。通过有限的例子让用户对可视化软件系统的设计与性质有一个大致的认识，帮助用户按照需求选取合适的软件。

### 5.4.1　大数据可视化软件分类

大数据可视化软件可以根据不同的标准划分为不同的类别。由于用户来源于各种不同的研究和应用领域，具备水平各异的计算机技能，有着不同的可视化需求。因此，从用户或软件开发者的角度都需要明确使用软件系统的类型。下面介绍大数据可视化软件与工具的划分标准。

#### 1. 适用用户

大数据可视化软件从结构上看，一般可以分为开发软件和应用软件。开发软件面向数据可视化研究和开发人员，可满足研究和开发人员对可视化流程的控制，以及各个模块参数的控制和开发新模块新方法的要求。这类软件的代表有 VTK、D3.js、Python 和 R 语言等。应用软件面向可视化的终端用户，一般是其他非计算机领域的专家，非常了解本领域的数据及可视化的需求，但是没有计算机编程的经验。这类软件通过用户完成数据导入、可视化映射和参数调整等操作，一般无需编程并避免复杂操作，代表性软件有 3D slicer、Tableau、Google Earth 等。

#### 2. 适用领域

大数据可视化软件一般分为科学可视化、可视分析和信息可视化的三个领域。科学可视化领域包括地理信息、医学图像等有相应时空坐标的数据，如 VTK、3D Slicer 等。信息可视化应用领域包括文本、高维多变量数据、社交网络数据、日志数据和地理信息等大数据可视化等。可视分析软件注重分析大数据的规律和趋势。

#### 3. 发布模式

大数据可视化软件可以分为开源软件和商务软件两种。很多大数据可视化软件最初来源于政府资助的科学研究项目，并没有商业目的。受计算机领域开源趋势的影响，这些软件将源代码公开免费提供给用户使用，如 Python、R 语言和 VTK 等。还有一些商务可视化软件源代码不公开，针对用户会收取使用费，如 Tableau、Google Earth 等。

### 5.4.2　科学可视化软件和工具

科学可视化具有较长的发展历史和广泛的应用领域。下面简单介绍科学可视化方面几种有代表性的软件和工具。

#### 1. VTK

VTK(Visualization Toolkit)是一个开源、免费、跨平台的软件系统，主要用于三维计算机图形学、图像处理和数据可视化。它屏蔽了数据可视化开发过程中常用的算法，以 C++ 类库和众多的翻译接口层(Java、Python 类)的形式提供数据可视化开发功能，VTK 以用户使用的方便性和灵活性为主要原则，具有如下的特点：

(1) 具有强大的三维图形和数据可视化功能，支持三维数据场、网格可视化以及图形硬件加速。

(2) 体系结构使其具有很好的流处理和高速缓存能力，在处理大量的数据时不必考虑内存资源的限制，适合于大数据可视化场合。

(3) 能够更好地支持基于网络的工具(如 Java)，具有设备无关性，代码具有良好的可移植性。

(4) 既可以工作于 Windows 操作系统，又可以工作于 Unix 操作系统，极大地方便了用户。

(5) 具有更丰富的数据类型，支持对多种数据类型进行处理。

(6) 定义了许多宏，这些宏极大地简化了编程工作，并加强了一致的对象行为。

(7) 支持并行处理超大规模数据，最多可以处理 1PB 以上的数据。

### 2. 3D Slicer

3D Slicer 是一个免费的、开源的、跨平台的医学图像分析和可视化软件，广泛应用于科学研究和医学教育领域。3D Slicer 支持 Windows、Linux 和 Mac OSX 等操作系统，支持医学图像分割、数据配准等多项功能，具有如下的特点：

(1) 支持三维体数据、几何网格数据的交互式可视化。

(2) 支持手动编辑、数据配准与融合，以及图像的自动分割。

(3) 支持 DICOM 图像及其他格式图像的读写。

(4) 支持功能磁共振成像和弥散张量成像的分析与可视化，提供图像引导放射治疗分析与图像引导手术的功能。

3D Slicer 功能的实现全部基于开源工具包，包括：QT 框架实现用户界面，VTK 实现数据可视化，图像处理使用 ITK，IGSTK 实现手术图像引导，MRML 实现数据管理，以及基于跨平台的自动化构建系统 CMake 实现平台编译。

### 3. Google Earth

Google Earth 是一款 Google 公司开发的虚拟地球仪软件。最新版本的 Google Earth 6 针对桌面计算机系统推出了三种面向不同目标用户的版本，即 Google Earth、Google Earth 专业版、Google Earth 企业版。Google Earth 向用户提供了查看卫星图像、三维树木、地形、三维建筑、街景视图、行星等不同数据的视图，并支持计算机、移动终端、浏览器等浏览应用。

## 5.4.3 信息可视化软件和工具

### 1. Tableau

就数据可视化而言，Tableau 可以算是业内翘楚，起源于美国斯坦福大学的科研成果，为 1 万多家企业级客户提供服务，包括 Facebook、eBay、Manpower、Pandora 及其他著名公司。与微软公司不同，Tableau 并不销售生产能力应用、游戏机及关系型数据库。它提供的产品范围并不广泛，仅销售数据可视化应用，但是产品做得很透彻。

如果想对数据做更深入的分析而又不想编程，那么 Tableau 数据分析软件(也称商务智能展现工具)就很值得一试。图 5-26 为美国各州选票数据的等值区间地图，图中准确地绘制了美国每个州的形状并且用数字标识了各州的选票数据。利用 Tableau 软件设计的可视化界面，在发现有趣的数据点，想探索究竟时可以方便与数据进行交互。Tableau 可将各种图表整合成仪表板进行在线发布，但为此必须公开自己的数据，并将数据上传到 Tableau 服务器。

图 5-26　Tableau 生成的美国各州选票数据的等值区间地图可视化

### 2. R 语言

R 语言是一个在统计领域有着广泛用户群的统计工具，它最初的使用者主要是统计分析师，但后来用户群扩充了不少。它的绘图函数能用短短几行甚至一行代码便将图形画好。

近年来，R 语言的核心开发团队完善了其核心产品，推动其进入一个令人激动的全新方向。无数统计分析和数据挖掘的研发人员利用 R 语言开发统计软件，并实现数据分析。对数据挖掘研发人员的软件使用情况调查表明，R 语言近年普及率大幅增长。

R 语言对于创建和开发生动、有趣图表的支撑能力非常丰富。基础 R 语言已经包含支撑协同图(Coplot)、拼接图(Mosaic Plot)和双标图(Biplot)等多类图形的功能。R 语言更能帮助用户创建功能强大的交互性图表和进行大数据可视化。

R 语言是开源软件。在基础分发包之上人们又做了很多扩展包，这些包使统计学绘图和分析更加简单。用户可以通过包管理器查看并安装各种扩展包，用 R 语言生成图形，再用插画软件精制加工。

### 3. D3.js

D3.js 是一套面向 Web 的二维数据变换和可视化方法，以浏览器端应用为目标，具有良好的可移植性。D3.js 处理是基于数据文档的 JavaScript 库，利用诸如 HTML、Scalable Vector Graphic 及 Cascading Style Sheets 等编程语言使数据变得更生动。通过对网络标准的强调，D3 赋予用户当前浏览器的完整能力，而无需与专用架构进行捆绑，并将强有力的可视化组件和数据驱动手段与文档对象模型(DOM，Document Object Model)操作实现融合。D3.js 数据可视化工具的设计在很大程度上受到 REST Web APIs 出现的影响。根据以往经验，创建一个数据可视化需要以下过程：① 从多个数据源汇总全部数据；② 计算数据；③ 生成一个标准化、统一的数据表格；④ 对数据表格创建可视化。

REST APIs 已将这个过程流程化，使从不同数据源迅速抽取数据变得非常容易。D3 等工具就是专门设计来处理源于 JSON API 的数据响应，并将其作为数据可视化流程的输入，这样可视化能够实时创建，并在任何能够呈现网页的终端上展示，使当前信息能够及时传达到每一个人。

### 5.4.4 可视化分析软件和工具

#### 1. Python

Python 是一款通用的编程语言，它原本并不是针对图形设计的，但还是被广泛地应用于数据处理分析和 Web 应用。因此，如果已经熟悉了这门语言，通过其可视化探索数据就是合情合理的。尽管 Python 在可视化方面的支持并不是很全面，但还是可以从学习 Matplotlib 库和 NumPy 库入手，这是进行大数据可视化绘制和分析的良好起点。

#### 2. Palantir

2004 年成立的 Palantir 是美国硅谷的一家大数据科技公司。Palantir 名字的灵感来自当时的电影《指环王》，在电影中 Palantir 是一个可以穿越时空、看到一切的水晶球。Palantri 可以帮助剧中人物与其他水晶球建立联系，从而可以看到附近的图像。Palantir 作为大数据可视化分析领域的标杆性软件，为政府和金融机构提供高级数据分析服务。它的主要功能是链接网络的各类数据源，提供交互式的可视化界面，辅助用户发现数据间的关键联系，帮助用户寻找隐藏的规律或证据，并预测将来可能发生的事件。

## 5.5 Python 数据可视化示例

### 5.5.1 绘制饼图

饼图是数据分析中常用的一种图表，在很多方面都十分特别，最重要的一点是显示的数据集合加起来必须等于 100%，否则就是无意义且无效的。饼图描述数值的比例关系，其中每个扇区的弧长大小为其所表示的数量比例。在 Python2.7 以上环境中的 Spyder 中运行下面分裂式饼图的程序：

```
import matplotlib.pyplot as plt
# make a square figure and axes
# pie chart looks best in square figures
# otherwise it looks like ellipses
plt.figure(1, figsize=(8, 8))
ax = plt.axes([0.1, 0.1, 0.8, 0.8])
# The slices will be ordered and plotted counter-clockwise.
labels = 'Spring', 'Summer', 'Autumn', 'Winter'
```

```
values = [15, 16, 16, 28]
explode =[0.1, 0.1, 0.1, 0.1]
# make a pie
plt.pie(values, explode=explode, labels=labels,
    autopct='%1.1f%%', startangle=67)
plt.title('Rainy days by season')
plt.show()
```

程序运行结果如图 5-27 所示。

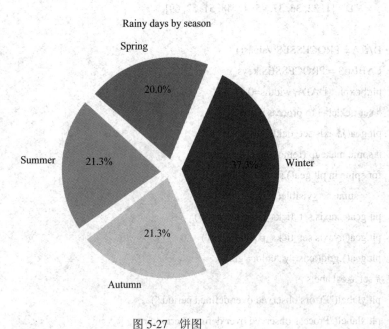

图 5-27　饼图

## 5.5.2　绘制箱线图

箱线图又称盒须图，是一种用于显示一组数据分散情况资料的数据统计图。箱线图中有几个非常重要的载有信息的元素。第一个是箱体，包括从低四分位到高四分位范围信息。数据的中值由横穿箱体的一条线段表示。箱须从数据的第一个四分位(25%)到最后一个四分位，向箱体的两端延伸。如果箱须范围外还有值，它们将被显示为异常值；否则，箱须将覆盖整个数据范围。在接下来的程序设计中，将实践如何利用 matplotlib 创建箱线图，具体步骤如下：

(1) 采样一定量的过程数据，其中每一个整数值表示在观测的运行期间错误的发生率；

(2) 把 PROCESSES 字典的数据导入 DATA；

(3) 把 PROCESSES 字典的标签导入 LABLES；

(4) 用 matplotlib.pyplot.boxplot 绘制箱线图；

(5) 从图表中删除一些图表垃圾信息(chartjunk)；

(6) 添加坐标轴标签；

(7) 显示图表。

运行下面的程序：

```
import matplotlib.pyplot as plt
# define data
PROCESSES = {
    "A": [12, 15, 23, 24, 30, 31, 33, 36, 50, 73],
    "B": [6, 22, 26, 33, 35, 47, 54, 55, 62, 63],
    "C": [2, 3, 6, 8, 13, 14, 19, 23, 60, 69],
    "D": [1, 22, 36, 37, 45, 47, 48, 51, 52, 69],
    }
DATA = PROCESSES.values()
LABELS = PROCESSES.keys()
plt.boxplot(DATA, widths=0.3)
# set ticklabel to process name
plt.gca().xaxis.set_ticklabels(LABELS)
# some makeup (removing chartjunk)
for spine in plt.gca().spines.values():
    spine.set_visible(False)
plt.gca().xaxis.set_ticks_position('none')
plt.gca().yaxis.set_ticks_position('left')
plt.gca().grid(axis='y', color='gray')
# set axesl abels
plt.ylabel("Errors observed over defined period.")
plt.xlabel("Process observed over defined period.")
plt.show()
```

程序运行结果如图 5-28 所示。

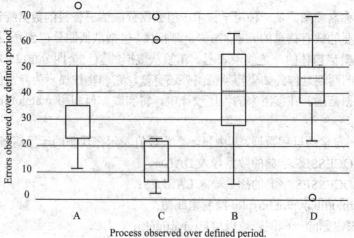

图 5-28　箱线图

### 5.5.3　绘制风杆

风杆是风速和风向的一种表现形式，主要由气象学家使用。从理论上讲，它们可以被用来可视化任何类型的二维向量。与箭头类似，但不同的是通过箭头的长度表示向量的大小，而风杆通过直线或者三角形作为大小增量，提供了更多关于向量大小的信息。

在风杆图中三角形称为旗标，代表最大的增量，一个完整的直线或者风杆代表一个较小的增量，半条直线表示最小的增量。半直线、直线和三角形相应的增量依次为 5、10、50，数值表示每小时的风速(knots)。

风杆可以通过 matplotlib 中的 matplotlib.pyplot.barbs 函数实现。Barbs 函数接受多种参数，主要应用在通过指定 X、Y 坐标来表示所观测数据点的位置。第二对参数 U、V 分别表示在北-南和东-西方向上以 knots 为单位的向量大小。其他一些有用的参数有中心点、大小和各种着色参数。中心点(pivot)参数表示在网格点上显示的箭头的一部分，箭头可以围绕中心点旋转。箭头可以围绕其尖端或者中间旋转，这些值都是有效的中心点参数。

设置风杆为任何一部分的颜色。下面是风杆图中与设置颜色有关的参数：

(1) barbcolor：定义为风杆中除了旗标之外所有部分的颜色。

(2) flagcolor：定义为风杆上任何旗标的颜色。

(3) facecolor：如果上面两个颜色参数都没有指定或者使用 rcParams 的默认值，则使用该参数。如果指定了前两个参数中的任何一个，参数 facecolor 将被覆盖，并经常用于为多边形着色。

大小参数(sizes)指定了风杆长度相关属性的大小。这是一个系数的集合，可以通过以下任何一个或者所有关键字指定。

(1) spacing：定义为旗杆/风杆属性间的间距。

(2) height：定义为旗杆到旗标或者风杆顶部的距离。

(3) width：定义为旗标的宽度。

(4) emptybarb：定义用于最小值的圆圈半径。

运行下面的程序：

```
import matplotlib.pyplot as plt

import numpy as np

# north-south speed

# we define speed of the wind from south to north

# in knots (nauticalmilesperhour)

V = [0, -5, -10, -15, -30, -40, -50, -60, -100]


# helper to coordinate size of other values with size of Vvector

SIZE = len(V)


# east-west speed

# we define speed of the wind in east-west direction
```

```
# here, the "horizontal" speed component is 0
# our staff part of the wind barbs is vertical
U = np.zeros(SIZE)

# lon, lat
# we define linear distribution in horizontal lmanner
# of wind barbs, to spot increase in speed as we read figure from leftto right
y = np.ones(SIZE)
x = [0, 5, 10, 15, 30, 40, 50, 60, 100]

# plot the barbs
plt.barbs(x, y, U, V, length=9)

# misc settings
plt.xticks(x)
plt.ylim(0.98, 1.05)
plt.show()
```

程序运行结果如图 5-29 所示。

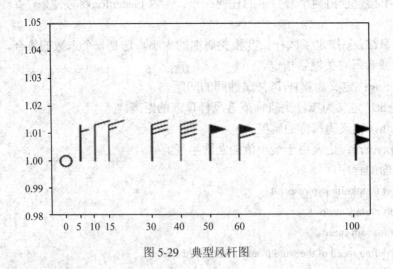

图 5-29　典型风杆图

通过执行下面的步骤来演示如何使用 barb 函数：

(1) 生成一个坐标网格来模拟观测点。

(2) 模拟风速的观测值。

(3) 绘制风杆图。

(4) 绘制箭头来显示不同的外观。

首先，用 Numpy 生成不同的 x 和 y 样本数组，然后使用 Numpy 的 meshgrid()函数创建一个 2D 坐标网格，所观测数据是在该网格特定坐标上采样的，最后 U 和 V 是以 knots

为单位的 NS(北-南)和 EW(东-西)方向的风速值。同时，把图表分成两个子区，在左边的区域绘制风杆，在右边的区域绘制箭头补片。

运行下面的程序：

```
import matplotlib.pyplot as plt
import numpy as np
x = np.linspace(-20, 20, 8)
y = np.linspace(  0, 20, 8)
# make 2D coordinates
X, Y = np.meshgrid(x, y)

U, V = X + 25, Y - 35
# plot the barbs
plt.subplot(1,2,1)
plt.barbs(X, Y, U, V, flagcolor='green', alpha=0.75)
plt.grid(True, color='gray')

# compare that with quiver / arrows
plt.subplot(1,2,2)
plt.quiver(X, Y, U, V, facecolor='red', alpha=0.75)
# misc settings
plt.grid(True, color='grey')
plt.show()
```

程序运行结果如图 5-30 所示。

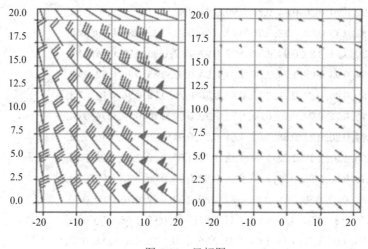

图 5-30　风杆图

### 5.5.4　使用散点图分析数据

通过下面的这个案例，将展示散点图如何解释变量间的关联。一般来说，如果数值之间存在相关性，就是正相关或负相关。正相关是指在增加 X 值时 Y 值也会增加，负相关是指增加 X 值时 Y 值会减小。案例使用的数据是从 Google Trends 门户网站获得的，在那里可以下载到包含给定参数的相关搜索量归一化后的 CSV 文件。

将数据存储在 ch05_search_data.py 的 python 模块中，这样就可以在接下来的代码中导入这个数据模块，内容如下：

```
# ch05_search_data
# daily search trend for keyword 'flowers' for a year
DATA = [
1.04, 1.04, 1.16, 1.22, 1.46, 2.34, 1.16, 1.12, 1.24, 1.30, 1.44, 1.22, 1.26,
1.34, 1.26, 1.40, 1.52, 2.56, 1.36, 1.30, 1.20, 1.12, 1.12, 1.12, 1.06, 1.06,
1.00, 1.02, 1.04, 1.02, 1.06, 1.02, 1.04, 0.98, 0.98, 0.98, 1.00, 1.02, 1.02,
1.00, 1.02, 0.96, 0.94, 0.94, 0.94, 0.96, 0.86, 0.92, 0.98, 1.08, 1.04, 0.74,
0.98, 1.02, 1.02, 1.12, 1.34, 2.02, 1.68, 1.12, 1.38, 1.14, 1.16, 1.22, 1.10,
1.14, 1.16, 1.28, 1.44, 2.58, 1.30, 1.20, 1.16, 1.06, 1.08, 1.00, 1.00,
0.92, 1.00, 1.02, 1.00, 1.06, 1.10, 1.14, 1.08, 1.00, 1.04, 1.10, 1.06, 1.06,
1.06, 1.02, 1.04, 0.96, 0.96, 0.96, 0.92, 0.84, 0.88, 0.90, 1.00, 1.08, 0.80,
0.90, 0.98, 1.00, 1.10, 1.24, 1.66, 1.94, 1.02, 1.06, 1.08, 1.10, 1.30, 1.10,
1.12, 1.20, 1.16, 1.26, 1.42, 2.18, 1.26, 1.06, 1.00, 1.04, 1.00, 0.98, 0.94,
0.88, 0.98, 0.96, 0.92, 0.94, 0.96, 0.96, 0.94, 0.90, 0.92, 0.96, 0.96, 0.96,
0.98, 0.90, 0.90, 0.88, 0.88, 0.88, 0.90, 0.78, 0.84, 0.86, 0.92, 1.00, 0.68,
0.82, 0.90, 0.88, 0.98, 1.08, 1.36, 2.04, 0.98, 0.96, 1.02, 1.20, 0.98, 1.00,
1.08, 0.98, 1.02, 1.14, 1.28, 2.04, 1.16, 1.04, 0.96, 0.98, 0.92, 0.86, 0.88,
0.82, 0.92, 0.90, 0.86, 0.84, 0.86, 0.90, 0.84, 0.82, 0.82, 0.86, 0.86, 0.84,
0.84, 0.82, 0.80, 0.78, 0.78, 0.76, 0.74, 0.68, 0.74, 0.80, 0.80, 0.90, 0.60,
0.72, 0.80, 0.82, 0.86, 0.94, 1.24, 1.92, 0.92, 1.12, 0.90, 0.90, 0.94, 0.90,
0.90, 0.94, 0.98, 1.08, 1.24, 2.04, 1.04, 0.94, 0.86, 0.86, 0.86, 0.82, 0.84,
0.76, 0.80, 0.80, 0.80, 0.78, 0.80, 0.82, 0.76, 0.76, 0.76, 0.78, 0.78,
0.76, 0.76, 0.72, 0.74, 0.70, 0.68, 0.72, 0.70, 0.64, 0.70, 0.72, 0.74, 0.64,
0.62, 0.74, 0.80, 0.82, 0.88, 1.02, 1.66, 0.94, 0.94, 0.96, 1.00, 1.16, 1.02,
1.04, 1.06, 1.02, 1.10, 1.22, 1.94, 1.18, 1.12, 1.06, 1.06, 1.04, 1.02, 0.94,
0.94, 0.98, 0.96, 0.96, 0.98, 1.00, 0.96, 0.92, 0.90, 0.86, 0.82, 0.90, 0.84,
0.84, 0.82, 0.80, 0.80, 0.76, 0.80, 0.82, 0.80, 0.72, 0.72, 0.76, 0.80, 0.76,
0.70, 0.74, 0.82, 0.84, 0.88, 0.98, 1.44, 0.96, 0.88, 0.92, 1.08, 0.90, 0.92,
0.96, 0.94, 1.04, 1.08, 1.14, 1.66, 1.08, 0.96, 0.90, 0.86, 0.84, 0.86, 0.82,
0.84, 0.82, 0.84, 0.84, 0.84, 0.84, 0.82, 0.86, 0.82, 0.82, 0.86, 0.90, 0.84,
```

0.82, 0.78, 0.80, 0.78, 0.74, 0.78, 0.76, 0.76, 0.70, 0.72, 0.76, 0.72, 0.70,

0.64]

执行下面的步骤：

（1）使用一个干净的数据集合 DATA，该集合是对关键字 flowers 在 Google Trend 上一年的搜索量，把该数据集合导入到变量 d 中。

（2）使用一个相同长度(365 个数据点)的随机正态分布作为 Google Trend 数据集合，这个集合为 d1。

（3）创建包含 4 个子区的图表。

（4）在第一个子区中绘制 d 和 d1 的散点图。

（5）在第二个子区中绘制 d1 和 d1 的散点图。

（6）在第三个子区中绘制 d1 和反序 d1 的散点图。

（7）在第四个子区中绘制 d1 和由 d1 与 d 组合而成的数据集合的散点图。

在 Spyder 中运行下面的程序：

```
import matplotlib.pyplot as plt

import numpy as np

fromch05_search_data import DATA## import the data

d = DATA

# Now let's generate random data for the same period

d1 = np.random.random(365)

assert len(d) == len(d1)

fig = plt.figure()

ax1 = fig.add_subplot(221)

ax1.scatter(d, d1, alpha=0.5)

ax1.set_title('Nocorrelation')

ax1.grid(True)

ax2 = fig.add_subplot(222)

ax2.scatter(d1, d1, alpha=0.5)

ax2.set_title('Ideal positive correlation')

ax2.grid(True)

ax3 = fig.add_subplot(223)

ax3.scatter(d1, d1*-1, alpha=0.5)

ax3.set_title('Ideal negative correlation')

ax3.grid(True)

ax4 = fig.add_subplot(224)

ax4.scatter(d1, d1+d, alpha=0.5)

ax4.set_title('Non ideal positive correlation')

ax4.grid(True)

plt.tight_layout()

plt.show()
```

程序运行结果如图 5-31 所示。

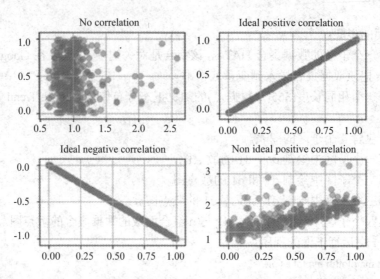

图 5-31　使用散点图分析数据

# 习　　题

1. 什么是数据可视化？数据可视化的功能有哪些？
2. 什么是大数据可视化？大数据可视化的表达主要有哪些方面？
3. 数据可视化的基本流程和步骤是什么？
4. 数据可视化设计的标准和主要步骤分别是什么？
5. 大数据可视化软件与工具的划分标准是什么？
6. 举例说明饼图、箱线图、风杆图及散点图的应用案例。
7. 上网收集资料，列举说明生活中所涉及的大数据可视化的应用案例。

# 参 考 文 献

[1]　陈为，沈泽潜，陶煜波. 数据可视化[M]. 北京：电子工业出版社，2013.

[2]　陈为，张嵩，鲁爱东. 数据可视化的基本原理与方法[M]. 北京：科学出版社，2013.

[3]　RAMAN K.Python 数据可视化[M]. 北京：机械工业出版社，2017.

[4]　MILOVANOVIC L. Python 数据可视化编程实战[M]. 北京：人民邮电出版社，2015.

[5]　周苏，张丽娜，王文. 大数据可视化技术[M]. 北京：清华大学出版社，2016.

[6]　STEELE J, ILIINSKY N. 数据可视化之美：通过专家的眼光洞察数据[M]. 祝洪凯，李妹芳，译. 北京：机械工业出版社，2011.

[7]　SIMON P. 大数据可视化：重构智慧社会[M].北京：人民邮电出版社，2015.

[8]　TELEA A C. 数据可视化原理与实践[M]. 2 版. 北京：电子工业出版社，2017.

[9] LANUM C L.图形数据可视化：技术、工具与案例[M]. 北京：机械工业出版社，2018.

[10] 林子雨. 大数据技术原理与应用[M]. 北京：人民邮电出版社，2017.

[11] 娄岩. 大数据技术概论[M]. 北京：清华大学出版社，2017.

[12] 董付国. Python 可以这样学[M]. 北京：清华大学出版社，2017.

# 第6章　大数据应用

　　新一代信息技术的快速发展、信息化程度的不断提升、全球网民及移动电话用户数的不断增加，以及物联网的大规模应用等，使人类不可避免地进入了大数据时代，现在人们每天的衣食住行都与大数据有关。在电子商务、智慧城市、两化融合、智能制造等浪潮的推动下，政府机构、公司企业、科研部门、教育医疗行业、旅游体育产业、互联网行业等沉淀了大量的数据资源。大数据的广泛应用开启着一个全新的大智能时代，云计算、物联网与大数据技术的深度融合有效地提升了大数据采集、存取、计算等环节的技术水平，使大数据应用的门槛降低、成本减少，而自然语言理解、机器学习、深度学习等人工智能技术与大数据技术融合可有效地提升数据分析处理能力、知识发现能力和辅助决策能力，让大数据成为人类认识世界和推动智能化的有效工具。因为蕴含着社会价值和商业价值，大数据已成为一项重要的生产要素，大数据应用也由互联网领域向制造业、医疗卫生、金融商业等各个领域渗透，对产业和传统商业模式的升级起到关键作用。

## 6.1　互联网行业大数据

　　互联网行业(包括以网络为经营基础的电子商务企业、接入服务企业、内容服务企业等)是当今发展最快的行业。2016年，中国互联网百强企业的互联网业务收入达到1.07万亿元，突破万亿大关，同比增长46.8%，带动信息消费增长8.73%。

### 1. 电商领域

　　大数据覆盖了电商从采购、库存、销售、配送到售后的整个流程，在这个过程中将产生大量数据。如果形成完整的数据链条将产生巨大的价值，并将传统的 BI(Business Intelligence，即商业智能，以结构化数据、关系型数据库为主要数据来源)转变为能实现智能决策、自动化实时分析的大数据时代的 BI。

### 1) 京东大数据平台

　　首先以京东为例，京东建立的大数据平台构造了"京东大脑"。所谓"京东大脑"，是京东 2015 年初启动的新项目，其核心目标是围绕"效率"两个字，即如何基于京东在用户、商品和运营等方面长期积累的高质量数据，利用人工智能的方法和技术，深入、准确地理解电商运营中的各类实体、环节及其互相之间的联系，缩短用户与商品、商品与商家之间的距离，为用户和商家提供更为个性化的服务，同时不断提高电商平台自身的运营效率，以达到最佳的用户体验。

京东大数据平台分为基础数据层、知识层和服务层三个层次。在基础数据层，因为自营的特色，平台拥有中国电商领域最完整、最精准且价值链最长的数据。在知识层中，采用数据建模和数据方法将基础数据加工成用户画像、商品画像等知识图谱型知识。最后，基于基础数据和知识层的知识信息，服务层为电商平台提供预测、搜索推荐、商业智能等服务。

依托京东大数据平台，"京东大脑"的具体应用包括以下方面：

(1) 搜索推荐。通过大数据平台的基础数据，"京东大脑"建立了用户画像(即根据用户社会属性、生活习惯和消费行为等信息抽象出的一个标签化的用户模型)、小区画像及商品画像。也就是说，京东大脑知道用户的购物习惯、兴趣爱好、购物心理及关注产品，还知道用户所在居民区的品牌倾向和购物风格，京东甚至还会从用户与客服人员的沟通中了解用户的性格特色。"京东大脑"通过分析挖掘出这些数据背后的线索。例如：分析北京北大、上地、望京这三个地方的购物风格，"京东大脑"通过"思考"给出了这三个区域的图书选择倾向、手机品牌倾向及购物心理倾向等，如望京地区集中了追求生活质量的高消费力人群，北大用户喜欢物理、社科和法律图书。通过搜索推荐，京东为用户提供更个性化的多元化贴身服务，如目前京东网页上的"猜你喜欢"、京东 APP 上的"为你推荐"等板块，都将从"京东大脑"的思考中受益，为用户呈现更适合自己的产品。

(2) 智慧仓储和物流。京东拥有庞大的仓储设施，其规模在全国电商行业中处于领先地位。京东整个物流有中小件、大件及冷链三大体系。截至 2017 年 6 月 30 日，京东在全国范围内拥有 7 大物流中心，运营了 335 个大型仓库，总面积约 710 万平方米，覆盖全国范围内的 2691 个区县。京东实现线上线下库存共享，而且多平台共享库存，库存不乱，这些都是通过技术手段做到的。现在京东物流平台已全面开放，能支撑京东平台及其他线上线下平台，物流将整个体系无缝对接起来，形成电商的仓储物流系统。如此庞大的系统，仅靠人工根本无法决策。现在依据大数据平台，大量的采购决策由数据驱动，而不是靠经验判断。通过辅助工具，大数据为自动补货、多仓之间的调配、拣货路径、库存控制等多种问题提供支撑，以此实现合理而有效的布局、规划，这样既保证了客户体验，又提升了企业的效益。

(3) 交易风险控制。在整个用户行为交易风险控制上，京东完全靠大数据的风险控制系统来完成。在整个交易过程中，京东内部做了黑名单、白名单机制，通过规则做了风险控制引擎。同时，还根据不同的用户做了打分评级，将风险用户在不同的层分离开来。不管是刷单还是注册、登录、交易等，都在风险控制体系内完成，从而保证交易安全和用户资产安全，如此一来确保整个商城的交易不受刷单等外部因素的影响。

2) 阿里巴巴大数据策略

阿里巴巴大数据整体发展方向是朝着以激活生产力为目的的 DT(Data Technology，数据技术驱动)数据时代发展。阿里巴巴大数据未来将由"基于云计算的数据开放+大数据应用"组成。

（1）基于云计算的数据开放。云计算使中小企业可以在阿里云上获得数据存储与数据处理服务，也可以构建自己的数据应用。云计算是数据开放的基础，阿里分布式的存储平台和这个平台上的算法工具可以更好地供数据开发者进行实验。同时，阿里巴巴需做好数据脱敏，将数据的商业标签定义清楚，让全球的数据开发者在阿里巴巴平台上展开数据思维，将数据为政府、消费者及行业所用，即线上线下的数据串联起来，每个人既是数据的提供者，也是数据的使用者。

（2）大数据应用。阿里巴巴前总裁马云在整个大数据应用上确定了两个方针：

第一是从 IT 到 DT，从管理、控制到点燃和激发，DT 就是点燃整个数据和激发整个数据的力量，被社会、销售及制造业所用，也为消费者信用所用。淘宝和天猫每天会产生丰富多样的数据，阿里巴巴已经沉淀了包括交易、金融、SNS、地图、生活服务等多种类型的数据，这些数据相互关联或产生巨大的能量。比如，在小微金融企业的融资领域，由于银行无法掌握小微企业真实的经营数据，不仅导致很多企业无法拿到贷款，还因为数据类型的不足导致整个判断流程过长，阿里已经通过交易、信用、SNS 等多种数据来决定是否可以发放贷款及发放多少。贷款申请人如同在 ATM 机上取款一样，在提交货款的申请时即能获贷与支用，整个流程在网上实现。第二是阿里巴巴的数据和工具能够成为中国商业的基础设施。阿里巴巴已经开始转型，正在从一个电商公司转型成为一个基于电商的大互联网平台。阿里巴巴将由自己直接面对消费者变成支持网商面对消费者，并根据已有的运营和数据经验开放更多的工具，帮助网商成长，使他们懂得如何用好的工具和服务去为消费者服务。

### 2. 内容服务领域

内容服务在互联网行业中占有较大比重，包括搜索服务、咨讯服务、视频服务、游戏服务等。下面就以百度、腾讯为例进行介绍。

#### 1）百度大数据引擎

百度于 2000 年创立于北京中关村，一直是全球最大的中文搜索引擎。近年来百度关注于大数据技术的研究，对外发布了大数据引擎，提供了大数据存储、分析与挖掘的技术服务，推出了多种大数据应用。百度大数据引擎指的是对大数据进行收集、存储、计算、挖掘和管理，并通过深度学习技术和数据建模技术使数据具有"智能"。百度大数据引擎主要包含三大组件：开放云、数据工厂和百度大脑。

（1）开放云：百度的大规模分布式计算和超大规模存储云，具有基础设施和硬件能力。过去的百度云主要面向开发者，而大数据引擎的开放云则面向有大数据存储和处理需求的用户。百度开放云具有 CPU 利用率高、弹性高、成本低的特点。百度作为全球首家大规模应用能耗低、存储密度大的 ARM 服务器的公司，也是首家将 GPU(图形处理器)应用在机器学习领域的公司，实现了能耗节省的目的。

（2）数据工厂：可以理解为百度将海量数据组织起来的软件能力。与数据库软件的作用类似，不同的是数据工厂能处理 TB 级甚至更大的数据，支持超大规模异构数据查询，每秒可达百 GB。

（3）百度大脑：将百度此前在人工智能方面的能力开放出来，主要是大规模机器学习和深度学习能力。此前它们被应用在语音、图像、文本识别，以及自然语言和语义理解方面，并通过百度 Inside 等平台开放给智能硬件。现在这些能力被开放，用来对大数据进行智能化的分析和处理。

百度将基础设施能力、软件系统能力及智能算法技术打包在一起，通过大数据引擎开放出来之后，拥有大数据的行业可以将自己的数据接入到这个引擎进行处理。同时，一些企业在没有大数据的情况下，还可以使用百度的数据及大数据成果。

许多政府部门拥有海量的大数据，如交通部门有车联网、物联网、路网监控、船联网、码头车站监控等，通过利用百度大数据引擎的大数据能力则可以实现智能路径规划和运力管理。卫生部门拥有流感法定报告数据、全国流感样病例哨点监测和病原学监测数据，如果这些数据与百度的搜索记录、全网数据、LBS 数据结合，就可以进行流感预测、疫苗接种指导。公安部门有大量的视频监控数据，如果与大数据技术结合，则可以完成安防追逃等任务。

许多企业也拥有海量大数据，如通信、金融、物流、制造、农业等企业。事实上，它们几乎都没有大数据处理和挖掘能力，如果能够借助百度大数据引擎，则可以对海量数据进行可靠且低成本的存储，实现智能化的、由浅入深的价值挖掘。在 2014 年 4 月的百度技术开放日上，中国平安介绍了如何利用百度的大数据能力加强消费者理解和预测，并细分客户群制定个性化产品和营销方案。

由此可见，大数据引擎的输入实际上是百度拥有的大数据及行业已有的大数据，而输出则是各种行业的应用成果，也就是大数据的"价值"，进而帮助企业转型升级，提升企业的核心竞争力。

**2) 腾讯大数据服务**

腾讯的大数据目前主要为腾讯企业内部运营服务。目前，腾讯 90% 以上的数据已经实现集中化管理，数据都集中在数据平台部，有超过 100 个产品的数据已经被集中管理起来，而且是集中存储在腾讯数据仓库(TDW)。腾讯大数据从数据应用的不同环节可以分为四个层面，包括数据分析、数据挖掘、数据管理和数据可视化。

(1) 数据分析层面有四个产品，即自助分析、用户画像、实时多维度分析和异动智能定位工具。自助分析可以帮助非技术人员通过简单的条件配置实现数据的统计和展示功能；用户画像则是对某一群用户或者某一业务的用户实现自动化的人群画像；实时多维度分析是对某一指标实现实时的多个维度的切分，以便分析人员从不同角度对某一指标进行多维度分析；异动智能定位工具则实现数据异动问题的智能化定位。

(2) 数据挖掘层面的产品应用有精准广告系统、用户个性化推荐引擎和客户生命周期管理。精准广告系统(如广点通)是基于腾讯大社交平台的海量数据，通过精准推荐算法以智能定向推广为导向实现广告精准投放；用户个性化推荐引擎是根据每位用户的兴趣和喜好，通过个性化推荐算法(协同过滤、基于内容推荐、图算法、贝叶斯等)实现产品的个性化推荐；客户生命周期管理系统则是基于大数据，根据用户/客户所处的不同生命周期进行数据挖掘，建立预测、预警和用户特征模型，进而实现精细化运营和营销。

(3) 数据管理层面有 TDW(腾讯数据仓库)、TDBank(数据银行)、元数据管理平台、任务调度系统和数据监控。这一层面主要是实现数据的高效集中存储、业务指标定义管理、数据质量管理、计算任务的及时调度和计算，以及数据问题的监控和警告。

(4) 数据可视化层面有自助报表工具、腾讯罗盘、腾讯分析和腾讯云分析等工具。自助报表工具可以自助化地实现结构和逻辑相对简单的报表。腾讯罗盘分为内部版和外部版，其中内部版是服务于腾讯内部用户(产品经理、运营人员和技术人员等)的高效报表工具，外部版则是服务于腾讯合作伙伴(如开发商)的报表工具。腾讯分析是网站分析工具，帮助网站主进行网站的全方位分析。腾讯云分析则是帮助应用开发商进行决策和运营优化的分析工具。

## 6.2　教　育　大　数　据

### 1. 教育大数据简介

在教育领域，数据驱动决策已经成为教育流行语，随着移动学习、情景感知学习等新兴学习方式的普及和发展，互联网上存储了人类越来越多的学习行为数据，通过对这些数据的采集、存储和分析，将使真正意义上的个性化学习成为可能，最终实现人类的终身学习。

教育大数据有广义和狭义之分。广义的教育大数据泛指一切与教育相关的数据集，包括宏观教育统计数据，教师、学生及教育管理者基本信息数据，网络环境下的教学和学习相关数据等。狭义的教育大数据则专指学生学习相关数据集，包括学生基本信息数据、学习经历数据和网络学习行为数据等。无论是广义还是狭义的教育大数据，都具备数据量大、产生速度快、数据多样的特点，通过对它们的采集、存储、处理和分析，能够发现教育活动某些变量间的相关关系，进而为宏观和微观的教育决策提供重要的科学参考依据。目前，大数据在教育领域内的应用主要有两个方面，一是教育数据挖掘，另一个是学习分析。这两个看似相同的概念，实际在研究目的、研究过程和研究方法上却有着很大的不同。教育数据挖掘是对学习行为和过程进行量化、分析及建模，回答的是什么功能的在线学习环境会带来更好的学习，什么将预测学生学习成功等问题。学习分析是利用已有的模型来认识与理解新的学习行为和过程，回答的是什么时候学生有不能完成课程的风险，什么时候学生准备好学习下一个主题等问题。

### 2. 大数据教育应用的一般流程

结合具体的教育问题，可以设计和规划很多具体的示范应用，但在具体实施过程中要面临许多实际问题，如一般应用流程的梳理及基本流程中各个环节的核心技术选择等。在大数据教育应用中，数据源包括学籍管理系统、网络学习平台和课程管理平台等教育应用系统中的大量结构化、半结构化和非结构化的数据，多数为非结构化数据，核心数据处理流程与其他领域一致，教育大数据的使用者包括教育管理者、教师和学生三类人群。具体流程如图6-1所示。

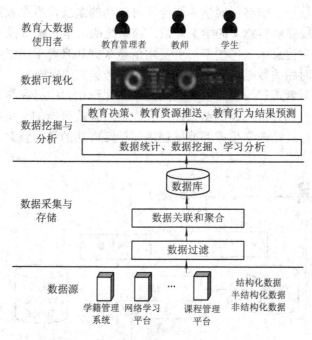

图 6-1　大数据教育应用的一般流程

(1) 教育大数据采集与存储。教育大数据类型多样，包括大量的宏观教育数据和微观教育数据，这给数据的采集造成极大的困难。为了保证数据的质量和可信性，首先要对数据进行过滤，清除干扰数据，保留可用数据。同时，对数据进行必要的关联和聚合，按照统一的规范存储到数据库中。

(2) 教育大数据挖掘与分析。根据具体的教育应用需求，对数据库中存储的数据进行数据挖掘和分析，以发现模式和教育变量之间的相关关系，用于支持教育决策、教育资源推送和教育行为结果预测等领域。

(3) 数据可视化。数据挖掘和分析的最终结果不能仅仅是以机器语言的方式出现，而要通过人机交互技术和可视化技术，将数据分析的简易过程和最终结果以图形语言呈现在最终用户(教育管理者、教师、学生等)面前。一般数据可视化包括指标值图形化、指标关系图形化、时间空间可视化和概念转化这几个步骤。

**3. 课程信号大数据教育应用项目分析**

课程信号项目是目前业内曝光率和认可度较高的大数据教育应用典型案例。项目经历了一个较为完整的研发和应用过程，积累了大量的应用数据，目前该系统已与商业公司合作进行商业发行，并在美国国内应用较为广泛。课程信号项目在 2007 年开始启动时，是为了应对普渡大学日益下降的新生保有率(指大学的大一新生在结束大一课程后仍在这所大学继续就读的比例)，以及日益延长的毕业生毕业周期的危机。该项目实施的关键目的就是帮助学生在学业上尽快地融入。为了达到这一目的，课程信号系统主要提供了以下几种功能：教师以发送私人邮件的形式通知学生近期的学习表现；教师通过该系统向学生推荐课程学习资源；教师利用该系统综合学生的即时学习表现数据、学生的历史学习数据及个人的人口学信息数据，对学生进行分析。

课程信号系统是一个能够帮助学生取得学习成功的系统，授课教师基于预测模型为学生在课程学习阶段提供有意义的学习反馈。该系统的基本工作流程如图 6-2 所示，系统将采集来源于学生信息系统中的学习者基本信息数据和来源于网络学习平台中的学习者学习行为数据，对相关数据进行存储和处理；对数据集进行分析，利用学习者成功预测算法对每一位学习者进行预测，以确定其是否在课程学习中存在学习失败的可能；由任课教师根据数据挖掘分析和预测结果，对存在学习失败可能的学生给予适当反馈和干预，其干预的主要形式是向学生推荐能够促进其学习成功的学习资源，并指导学生如何使用这些学习资源。

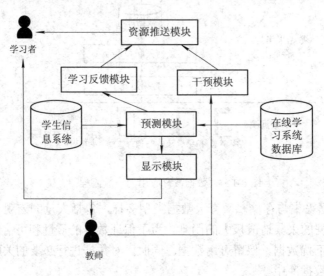

图 6-2　课程信号系统工作流程

整个课程信号系统的核心模块是预测模块，它是基于学习者成功算法(SSA )进行工作的。SSA 由四部分组成：① 课程表现，主要通过目前为止学生所获得的学分百分比来衡量；② 课程努力程度，主要通过学习者在 Black-board 中的访问和交互次数来衡量；③ 前期学业历史，主要通过高中 GPA 和大学标准测验分数来衡量；④ 学习者特征，主要包括地区、种族、性别和奖惩情况等。SSA 计算学习者在每一部分的得分并乘以每一部分的权重值，相加所得的值作为最终预测的参考值。根据 SSA 的预测值，在每一位学生的学习页面上会显示红、黄、绿三种颜色的信号灯。红灯表示存在极大的课程学习失败可能；黄灯表示在课程学习中存在问题，有学习失败的可能；绿灯则表示学习成功概率很高。任课教师通过课程控制面板也会看到每一个参与课程学习的学生在不同学习阶段的即时课程信号。根据信号显示，教师通过发送电子邮件、短信及约见面谈等几种形式对学生的学习进行干预，还可以通过推荐学习导师和学习资源中心的方式对学习者给予学习帮助，以促成其在课程学习中取得成功。

课程信号项目从 2007 年开始在美国普渡大学实施，2007—2008 年的课程信号系统的学习者成功预测主要是基于早期的实验数据进行的，通过对比实验组和控制组的课程最终考试成绩、课程学习参与数据和学习帮助寻求数据，发现课程参与与学习帮助寻求和课程成绩的相关性，建立算法进行预测。从 2009 年开始，课程信号系统实现了对实时数据的自动采集和分析，并建立了更加科学的 SSA。2010 年，普渡大学与 SunGard 公司合作，对课程信号系统进行商业开发。2012 年，普渡大学的课程信号系统交由 ELLucian 公司进行商业化运作，目前已更名为 ELLucian Course Signals。到目前为止，在普渡大学每学期有近 6000 名学生使用课程信号系统，145 名以上教师至少在一门课程中使用该系统。通过对历史数据的统计发现，同一门课程在使用课程信号系统的前后，课程最终成绩得 A 和 B 的人数提高了 10.37%，得 D 和 F 的人数下降了 6.41%。

课程信号系统自 2007 年起上线运行积累了大量的运行数据。研究表明，课程信号在提高学习者学习成功率方面有较好的效果，且其已被商业化开发，未来应用前景良好。通过对项目实施目的、步骤、过程和结果的精细分析，得到了如下启示：在未来的大数据教育应用研究中，对项目规划和设计，应该将关注点从数据形态转移到数据功用上来，也就是所选择的数据集是否为大数据的标准应该是能否支撑发现变量之间的相关关系，而不是数据集的大小、类型和产生速度。在对数据集的采集方面，不是抽样数据采集，而是全数据采集。就教育领域而言，抽样数据采集无法解释某些纷繁复杂的教育现象，课程信号系统就是对学生信息系统和在线学习系统中的全数据进行即时采集和分析，探求学习者相关变量与学习者学习成功的相关关系，进而对学习者的学习成功进行预测。另外，在对数据集的分析方面，不再追求精确度和因果关系，而是承认混杂性，探索相关关系。

在未来的教育大数据研究和应用中，首先要对大数据有一个正确的认识，对于大数据采集、处理和分析所遵循的原则要明晰，只有研究者和应用者的思维、观念转变了，数据才能被巧妙地利用，产生更多的新应用和新产品，真正服务于教育。此外，教育领域内的大数据应用还将面临来自机构内部的政策和组织机制的挑战。来源于人的挑战和限制将对未来的研究造成极大的困难。小范围应用将会面临学校内部领导、管理者及教师不同思维观念的限制和挑战，不同类型的人员对教育大数据应用的认识和期望存在差别，这将直接导致开发和研究人员的工作困难，使许多教育大数据应用难以实现；大范围应用将会面临不同学校、不同地区的政策和组织机制的挑战；同时，大数据中包含许多涉及个人隐私的数据，分析和预测结果也有可能违反社会的伦理道德规范，这将是未来研究和应用过程中不容回避的问题，值得在项目设计和规划初期给予足够重视。

## 6.3  农 业 大 数 据

农业数据涉及农产品生产、加工、销售、环境及资源等全产业链的各个环节，一直以来都是农业研究和应用的重要内容，大数据的崛起带动农业大数据成为当前农业研究的热点。依托于大数据分析，运用大数据理念、思维及技术处理农业数据，进而指导农业生产、农产品流通和消费，是跨行业、跨专业的数据分析与挖掘，是探索农业数据价值、加快农业经济转型升级的重要手段。

在当今世界 70 亿人口背景下，粮食短缺、食品安全等问题困扰着整个世界，农业大数据将成为解决这些问题的有效手段。我国在解决了粮食产量问题后，农业发展方式落后、成本高、效率低等问题成为阻碍我国农业发展的重要问题。发展智慧农业，用大数据技术给农业发展插上科技的翅膀，用信息技术改造传统农业，不仅可以解决这些问题，更为我国解决"三农"问题提供了新的途径。2015 年,原农业部印发的《关于推进农业农村大数据发展的实施意见》,阐述了农业大数据发展和应用的重要意义,明确了农业大数据发展和应用的总体要求和目标任务,为夯实农业大数据发展和应用的基础,把握农业大数据发展和应用的重点领域,推进农业现代化奠定了坚实基础。随着农业大数据的重要性日益凸显,农业领域都在积极部署,开展相关研究。例如,农业部实施全国信息进村入户工程,目前有超过 20.4 万个村已经建立了益农信息社,占全国行政村的 1/3 以上,中国农业科学院农业信息研究所发起成立信息联盟,中国科学数据大会上设立了农业与农村信息化大数据技术与应用分论坛等。目前,在我国已有一批一定规模的大数据产业聚集区,为农业大数据发展及应用奠定了基础,但现阶段仍存在数据量大、类型多、采集基础不完善等问题。

各大农业领域相关的企业同样对农业大数据持有高度的关注度。2013 年,农业生物技术公司 Monsanto 收购气候公司 The Climate Corporation,通过分析天气数据对可能影响农业生产的天气进行预测,农民可根据预测结果选择相应的农业保险,降低恶劣天气对农业造成的影响。Monsanto 公司董事长 Hugh Grant 在第 18 届中国发展高层论坛中提出,农业大数据将在很大程度上改变未来农业,Monsanto 的最新技术即是基于大数据的精准农业。依托于农业大数据的新技术,如测量雨水的装置、卫星图像传感技术和田间定向探测工具,可以使用户仅通过智能手机即可获取有价值的信息,进行田间管理及作物种植,以减少农业的投入和消耗。

农业大数据的应用贯穿整个农业产业链,农业产业链大致可分为农业生产、农产品销售及农业配套服务三个部分。下面介绍农业大数据在这三个部分的应用。

**1. 农业大数据在农业生产中的应用**

农业生产过程涉及作物生长环境、作物育种及病虫害防治等多个方面。

(1) 在作物生长环境中的应用。作物生长环境是影响农作物产量重要的因素,气候、水文及土壤一直以来都是农业生产中不可忽视的环境因子。利用农业大数据对环境数据进行分析,根据数据分析结果制定作物生长方案,可以从根本上降低不良耕种条件对作物造成的负面影响。

(2) 在作物育种中的应用。常规的育种方法通过化学、放射、杂交等筛选出优良性状,并加以培育。随着生物技术的发展,基因重组育种逐渐成为更有效的育种手段,通过对目标基因进行修饰,改变作物性状,得到更优质的作物品种。目前,常用的几种技术包括定点突变技术、同源转基因技术、锌指技术、RNA 介导的 DNA 甲基化技术及农杆菌注射技术等。近年来,高通量技术的普及使人们以低廉的价格即可获得作物的基因组序列资源,大量的基因组数据资源填补了许多小作物的育种资源,同时大量的基因标记也使形状图谱和分子标记育种更加便捷。育种专家可根据 SNP 分子标记数据库,筛选出影响所需性状的目的基因片段,加快育种进程。

(3) 在病虫害防治中的应用。作物生长不仅受生长环境、自身条件的影响,病虫害也是影响其产量的重要因素。因世界贸易的全球化,病虫害也随之走向全球化,导致杀虫剂、除草剂等农药过量使用,对环境造成危害。因此,如何在不影响环境的情况下减少病虫害的发生,成为农业领域的重要课题。病虫害防治可从预防、监控及干涉处入手。2013 年,John Deer 公司的新式传感器可对病虫害信息进行实时监控,并将这些信息储存在农业数据中心，综合作物生长环境数据及生长状况信息，预测病虫害的发生，为农民提出病虫害防治建议。

**2. 农业大数据在农产品销售中的应用**

(1) 在农产品销售链中的应用。农产品的销售环节涉及农产品的生产者、经营者和消费者，包括农产品的采集、生产、加工、运输、零售、批发和服务等。传统的农产品流通渠道为产地中间商从生产者手中收购农产品，使农产品进入批发市场，再由市场中间商从批发市场中购买农产品并转售给农产品零售商，最终通过零售商使农产品流入到消费者手中。在此过程中销售链条中的生产者不能很好地与市场对接，而且出售渠道比较单一，导致很多时候农产品滞销，农户效益低甚至亏损。利用网络平台进行农产品销售有效地促进了生产和消费的衔接和匹配。许多地区将农村市场的移动网络、宽带、电视融合发展作为营销的主要方向，淘宝村成为农村电子商务改变中国农村面貌的代表。农业农村部在全国实施的信息进村入户工程，在广大农村建立了益农信息社，就从根本上解决了生产与消费者信息对接的问题。

(2) 在农产品溯源中的应用。农业大数据可实现农产品流通数据的跟踪，做到农产品质量可追溯，保障食品安全。目前，国内食品安全问题仍存在一定的争议，"毒豆芽""毒大蒜"等食品安全事件时有发生，导致部分消费者对国内食品安全持有异议。对农产品从生产到出售过程中的跟踪，有利于防止疾病的传播、减少污染及保障食品安全。2015 年，国务院出台的《关于运用大数据加强市场主体服务和监管的若干意见》提出，利用物联网、射频识别等技术建立产品质量追溯体系，形成完善的信息链条，方便公众查询监管。物联网等技术已在农产品生产、收购、存储、运输、销售至消费者的农产品产业链上得到了广泛的应用。例如，"食品安全云"等检测软件的开发及应用，"全国农药质量追溯系统"的建立，有助于从源头上抓好质量，确保农产品质量安全。

**3. 农业大数据在农业配套服务中的应用**

农业大数据除了应用在农产品生产和销售环节之外，在关于农业的其他配套服务中同样发挥着重要作用，如农业经营主体的征信、土地流转等方面。

(1) 在农业经营主体征信中的应用。对农业经营主体开展信用信息采集，有利于农业贷款及保险业务的完善，解决农户生产环节的资金问题。通过对农业经营主体的信用记录、经济状况、生产规模及道德品质等方面进行评估，将获取的信用数据并入到银行、信用社及保险机构的征信系统，作为发放贷款、设置农业保险的信用依据，完善贷款及保险信用评判系统。

(2) 在土地流转中的应用。土地流转使土地资源得到最大化的利用，是实现农业规模化经营的重要途径。在我国土地流转随意性大，导致土地流转合同欠规范、各地价格差异大、存在隐形交易市场等问题。另外，土地流转双方信息对接不充分，出现供方荒废土地、需求方无地可种的现象，使土地资源得不到高效优化的配置。农业大数据可使土地流转数据透明化、有序化，使供求双方有效对接，优化土地资源利用率，并且可根据土地流转数据了解各地流转价格，有效调控土地流转的价格。

总之，大数据在我国农业领域中的应用属于起步与快速发展并行的阶段，取得的成果已不容小觑。在农产品生产环节，如生长环境监测、基础数据采集、作物育种、水肥管理、病虫害监测防控等领域，与传统技术相比，农业大数据正逐渐显示出其精准、高效的优势。在农产品销售环节，农业大数据已得到广泛的应用，如使农产品供求双方进行对接，调控市场走向，并且可实现农产品溯源，保障食品安全。另外，在农业配套服务中，如农业大数据在农业经营主体征信及土地流转方面得到广泛应用，对于信用系统完善和土地利用率提高均有积极作用。一项新技术带来机遇的同时还有挑战，应及时解决农业大数据应用中所存在的问题，完善农业大数据体系，发挥出其最大效能，做好未来农业发展的引导者。

# 6.4　旅游大数据

随着信息技术的飞速发展及互联网的广泛应用，我国旅游业呈现强劲的发展势头。从游客接待量和旅游收入来看，2018 年全年国内游客达 55.4 亿人次，比上年增长 10.76%，国内旅游收入 5.13 万亿元，比上年增长 12.3%。在信息数据化的大背景下，旅游行业的市场格局发生改变，依托大数据产生的竞争也由此展开。不但传统的线下旅游企业努力寻找自身特色和发展方向，携程网等线上旅游平台也凭借着价格优势迅速占领旅游市场，旅游企业要想发展必须凭借创新型的数据化技术寻求市场、拓展出路。

新零售体验经济下，由于计算机网络技术的高速发展和普及，以及游客个性化需求的增强，各旅游企业除了使用选择适当的中间商类型、不断调整渠道、加强对中间商的管理等旅游营销渠道策略外，还应主动适应新常态，采取"互联网+旅游"新型销售策略。简而言之，以游客为中心，收集大量离散的内外部数据信息，通过分析与整理并有效利用，最终转为有价值的商业洞察力和智能决策。大数据技术就是从各种各样类型的数据中快速地获得有价值信息的能力，其特点是数据的大量化，以及数据类型的多样化和应用场景的多样化。大数据能够准确地分析消费者需求、高效分析信息并作出预判。应用于旅游领域，旅游大数据可以进行游客属性分析与行为分析、旅游景区或目的地的偏好度分析，以及景区或目的地流量预测等，通过这些分析能够有效促进旅游目的地智慧化发展，推动旅游服务、旅游营销、旅游管理的变革。越来越多的旅游管理机构、旅游企业及相关衍生行业开始关注探索、挖掘研究和实时应用"大数据"，主要包括互联网数据(如旅游产品数据、搜索数据、分享数据、点评数据等)、商业数据(如票务数据、客流数据、景区管理和监测数据等)和旅游企业自身数据等。"大数据"的挖掘和分析不仅可以预测出行交通情况和形成出游指南为旅游者提供指导，而且可以准确定位目标客源市场，掌握旅游者的心理偏好，改善硬件设施，调整旅游服务质量，监测景区游客量和内部环境的安全性，为旅游企业及旅游衍生行业提供策略参考。

下面将从不同角度对旅游大数据的应用途径进行分析介绍。

### 1. 从供给角度分析

全域旅游是供给侧，通过大数据对游客量、游客构成以及游客兴趣、轨迹、景区偏好进行梳理，进行游客属性分析、游客行为分析、旅游景区或目的地偏好度等分析，一方面有助于旅游目的地的战略定位与精准营销，另一方面有助于旅游业态与产品的创新。全域旅游可以结合海量社交大数据资源和挖掘分析能力，通过大数据构建用户画像，立体分析用户需求，构建旅游兴趣标签，进行行业人群垂直细分，从而使商家与用户需求更直接、精准、快速地匹配，为私人订制化的精准营销提供基础，利用云服务及城市管理系统，进行多维度和全方位分析，帮助领导做好科学决策。

### 2. 从需求角度分析

供给侧改革归根到底服务于游客，最终目的是为游客提供更多的服务与体验。当前旅游业在传统的"吃、住、行、游、购、娱"六要素基础上，正在形成"吃、厕、住、行、游、购、娱"和"文、商、养、学、闲、情、奇"旅游综合要素体系。通过全域旅游可以打造目的地一体化服务平台，为游客游前、游中及游后提供一站式电子服务体系。"互联网+"时代下，全域旅游可以基于移动 4G/5G 网络、物联网、手机 APP、全球定位系统及景区信息化管理平台等软硬件建设，变粗放管理为精细化管理，使景区由传统服务向信息智能化服务转变，提升了游客旅游体验和旅游的整体竞争力。

### 3. 从产业融合角度分析

旅游服务强调资源配置，大数据时代下的资源配置其实就是利用数据数量、维度与广度综合分析各类信息，对整个区域的经济及产业发展、交通区位、旅游资源、游客市场等旅游状况在数据空间内进行时空重构，以最优的分配原则进行资源配置。

在"旅游+互联网"下利用大数据破除产业发展的藩篱，需要加强大数据分析处理平台的建设，创新数据分析方法。依赖政府机构的权威，以政府为主导建立大数据共享包，还要通过立法加强科学技术、保护信息安全等。

### 4. 从产业监管角度分析

大数据有助于市场主体的服务与监管。通过数据的一站式打通、资源的一站式监控等，能够实现对旅游各个系统的全方位管控及景区信息共享与消息传递，并提供日常业务管理、位置信息查询与应急事件处理等服务，为各级领导部门、旅游职能部门、横向涉旅部门等提供综合管控平台，政府相关部门可充分获取和运用信息，更加准确地了解市场主体需求，提高服务和监管的针对性、有效性。

维克托·迈尔·舍恩伯格的《大数据时代》一书中，记录了"大数据"与"旅游业"的一次具有时代意义的实践结合。美国计算机学家奥伦·埃齐奥尼为了得到最低价机票，提前几个月预订，但是他发现购买时间越早，机票价格并不是最便宜，因此他想研究一个购票时间与机票价格关系规律的软件系统，帮助人们获得最合适的机票。他从旅游网站采集了 12 000 个样本，开发出一个名为"哈姆雷特"的预测系统。这就是后来发展成一家得到风险投资基金支持的名为 Farecast(价格预测)的系统。该系统不但准确地指导人们预订合适的机票，而且还应用到了酒店预订领域。这一案例就是"大数据应用"的缩影，为后来人们关于大数据与旅游企业市场拓展结合的研究提供了实际应用。

山西省朔州市拥有广袤的林海、良好的生态环境和深厚的历史文化底蕴，它的生态文化和边塞文化都是极具亮点的旅游资源，成为迎接数字经济变革的一大切入点。在旅游行业转型升级的环境下，朔州市以"全域旅游"为理念发展"大数据+旅游"，立足自身优势，诠释出独特的内容。为打造旅游全方位生态体系，构建核心的数据源和旅游应用平台。朔州市从旅游形象展示、网站推广营销、诚信建设、精准营销、行业管理、信用治理、企业服务、公共服务等方面发力，夯实朔州市旅游生态体系信息化基础建设。具体来说，朔州旅游大数据的建设分解为以下几个平台进行实施。

(1) 朔州旅游展示中心：运用全球领先的体验式技术，直观展示旅游大数据应用场景及解决方案，宣传展示旅游大数据创新应用理念与成果，实现对旅游业运行更为准确的预测、预警、决策辅助、智能分析，并逐步成为大数据产业创新应用产品发布、政府科普宣传、企业成果演示的窗口。

(2) 朔州全域旅游大数据平台：平台融合区域公安住宿数据、交通数据、运营商数据、游客行为数据、游客消费数据、游客热点轨迹数据等，通过对数据进行深度融合分析挖掘朔州旅游经济过往脉络走向，寻找旅游特色亮点，为当地全域旅游发展提供数据化手段支撑。

(3) 朔州旅游诚信建设网络平台：通过网络平台定期公布旅游企业的基本信息、经营信息、良好信息和旅游产品信息，公布违法违规旅游经营者和从业人员旅游经营服务不良信息记录，突显正面宣传引导的同时，加强对不良做法的惩戒约束，立足长远进行综合治理，增强信用市场的透明度。

(4) 朔州旅游营销大数据平台(以下简称平台)：平台聚焦旅游消费领域，通过定向信息采集、处理匹配、数据交互、分析挖掘、标签鉴定等技术，深度分析出用户的喜好与购买习惯，为实施旅游精细化管理、精准化营销、精心化服务提供"大数据"支撑，推进全域旅游的纵深发展。

此外，每个平台都设计有 1～5 个子应用，这些应用涉及朔州全域旅游的细化旅游指标分析、数据统计对比、营销服务方案规划、预测决策、产品考察、信用查询、行业监管等方面，旨在全方位激活大数据融合应用创新能力，点亮朔州市全域旅游"新地标"。

# 习　　题

1. 根据生活体验或上网收集资料，列举 1～3 个新的大数据应用案例。
2. 收集 3～5 篇关于大数据技术及应用的期刊论文(中英文不限)，并总结文章的内容提要。

# 参 考 文 献

[1] 刘艳华，徐鹏. 大数据教育应用研究综述及其典型案例解析：以美国普渡大学课程信号项目为例[J]. 软件导刊(教育技术)，2014，13(12)：47-51.

[2] 仇惠麟. 农业大数据的应用及发展建议[J]. 中国农技推广，2019，35(12)：17-20.

[3] 杨絮飞. 大数据环境下旅游企业竞争情报系统的构建研究[J]. 情报科学，2019,37(11)：59-63+72.

[4] 吴开军. 旅游大数据研究热点及特征探析：基于国外文献的分析[J]. 统计与信息论坛，2019，34(04)：105-113.

[5] 彭洁. 基于大数据的 A 旅游企业市场拓展策略研究[D]. 山东师范大学，2019.

[6] 旅游大数据城市应用案例：朔州、丽江[J]. 大数据时代，2018(07)：48-57.

# 第 7 章　大数据安全与伦理

运用大数据技术，能够发现新知识、创造新价值、提升新能力。大数据具有的强大张力，给我们的生产、生活和思维方式带来革命性改变。但在大数据热中也需要冷静思考，特别是正确认识和应对大数据技术带来的安全问题及伦理问题，以更好地趋利避害。

## 7.1　大数据安全

大数据的应用已经广泛地深入到生产和生活的各个领域，并且人们的生产、生活、思想和行为等也都日益成为大数据的组成部分。大数据在推动社会迅速发展及给人们的生产、生活和思维等带来革命性变革的同时，也带来了安全方面的隐患。

随着大数据时代来临，各行业数据规模呈 TB 级增长，拥有高价值数据源的企业在大数据产业链中占有至关重要的核心地位。在实现大数据集中后，如何确保网络数据的完整性、可用性和保密性，不受到信息泄漏和非法篡改的安全威胁影响，已成为政府机构、事业单位信息化健康发展所要考虑的核心问题。

### 7.1.1　大数据安全挑战

大数据技术在行业中的应用越发广泛，所暴露出来的大数据安全问题也越发严重。以下是对部分行业进行的调查分析。

#### 1. 电子政务

政务大数据覆盖行业范围广泛、数据结构多样、关联关系复杂，而且涉及大量个人隐私数据、国家敏感数据等重要数据。因此，在开展政务大数据应用的同时，数据和平台安全尤为重要。电子政务大数据面临的安全风险和挑战主要包括以下内容：

1) 平台安全

大数据平台是政府使用数据资源的基础平台，平台安全是保障政府安全、可靠利用数据资源的基础。大数据平台除了面临传统的恶意代码、攻击软件套件、物理损坏与丢失等安全威胁外，由于自身架构要根据政府业务需求和安全要求的变化不断改进，因而产生传统的身份认证、数据加密手段适用性问题。

2) 服务安全

构建基于互联网的一体化公共服务平台，面向公众提供基于大数据的便民服务，是落实国家推进治理体系和治理能力现代化，建设服务型政府的重要任务。基于互联网建设的政务在线服务窗口，是政务大数据为社会公众服务的重要组成部分，便捷的互联网应用环境下，在提质增优公共服务的同时也为便民服务带来严峻的安全挑战，需要应对基于 Web 的攻击、Web 应用程序攻击/注入攻击、拒绝服务攻击、网络钓鱼、用户身份盗窃等威胁，抵御信息泄露、网络瘫痪、服务中断等安全风险。

### 3) 数据安全

各部门在开展业务和对政务大数据进行开发利用的同时，保障数据自身安全非常重要，涉及数据生命周期各阶段相关的数据采集、数据传输、数据存储、数据处理、数据交换、数据销毁等活动。政府部门数据公开、行业间及行业内部数据平台化共享时的数据安全，是迫切需要解决的问题，是大数据资源实现开放共享、相关"数据掘金"应用得以发展的关键。

### 4) 数据确权问题

政务数据的所有权、使用权、管理权涉及多个部门，特别是政府授权社会资本方搭建的公共服务系统所产生的数据，涉及个人隐私及国家经济命脉，在进行大数据分析中必须做到权责分明，厘清数据权属关系，防止数据流通过程中的非法使用，保障数据安全流通。但是，目前数据权属仍缺乏法律支撑，数据使用尤其是跨境流动所产生的安全风险日益凸显。

### 5) APT 攻击防御

APT(Advanced Persistent Threat，高级持续性威胁)是黑客针对客户所发动的网络攻击和侵袭行为，是一种蓄谋已久的"恶意网络间谍威胁"。这种行为往往经过长期的经营与策划，具备高度的隐蔽性。APT 攻击以窃取核心资料为目的，对政府部门大数据应用产生重大安全威胁，因此必须在政务大数据中高度防范此类攻击。

## 2. 健康医疗

作为典型的实践科学，医学中有很多知识来源于经验积累，而目前经验积累的最直接、客观的体现就是"数据"。因此，利用健康医疗过程中产生的海量数据，开发其潜在价值，使其助力健康医疗事业的发展，成为医疗行业、技术研发等领域的有识之士共同努力的目标。健康医疗大数据在促进业务发展的同时，面临的安全挑战主要表现在如下方面：

### 1) 数据权属不清

健康医疗大数据起源于患者本身，那么数据权属到底是属于个人还是产生数据的医疗机构一直没有定论。另外，第三方机构在原始数据基础上挖掘延伸出的新数据，其归属权也没有明确规定。

### 2) 应用复杂性高

目前各地区和机构在进行健康医疗领域信息化建设时大都根据自身需求建立独立的信息系统，这些信息系统架构各异、数据格式不同，导致数据在安全共享、交换和处理时的复杂度大幅提升。

### 3) 个人隐私保护难

健康医疗数据中包含特别敏感的个人隐私信息，必须依法进行管控和保护，对涉及健康医疗数据的管理要以相应的法律法规做指导，在进行健康医疗数据的收集、存储、挖掘等应用时需要解决个人隐私保护的难题。

### 3. 电商行业

电商行业作为基于互联网技术衍生的新型业务，积累了大量商家数据、买家数据、商品数据，以及在买卖交易过程中产生的订单数据、交易数据和用户行为数据等。借助大数据技术发展契机，电商行业也开始了大数据时代的转型。电商行业基于长期积累的海量数据，开始在不同业务方向利用大数据技术分析、挖掘数据价值。电商行业大数据在促进业务发展的同时，也面临着相应的安全挑战，主要表现在如下方面：

1) 数据权属不清

电商业务的开展主要涉及电商平台、商家和消费者三方，电商业务产生的数据如何划分其所有权、控制权和使用权，是在电商业务中合理使用数据的前提。当前在电商业务的大数据应用中通常利用电商平台对数据进行分析，也存在商家或商家授权独立软件提供商使用商家数据进行分析的情况，在权利归属不明确的情况下责任的归属也难以界定，相关数据安全难以保障。

2) 大数据聚合分析风险

电商业务的大数据应用涉及对消费者相关的数据分析，虽然可以通过隐私保护政策、用户授权协议的形式获取相关数据的使用合法授权，而且在对电商业务分析的过程中也会采用匿名化处理的方式保证用户的个人信息安全。但是，在对大数据加工计算的过程中，如何保障不会因为大数据的聚合分析而实现"去匿名化"，依然是亟待解决的难题。

3) 数据版权保护

电商生态圈内的数据流动和共享较为普遍，目前主要通过法律协议方式约束对数据的使用。但由于缺乏有效的数据版权保护技术手段及措施，难以甄别是否存在超出范围的数据扩散或使用问题。

4) 数据跨境安全

目前国家大力支持跨境电商业务，而跨境电商业务必然涉及数据的跨境问题。不同国家和地区的数据保护法规对数据跨境流动的要求存在差异性。比如，俄罗斯明确提出俄罗斯公民的数据应在俄罗斯境内更新后方可传到海外进行处理，欧盟则扩大了数据保护法律适用的管辖范围。这些法规将给跨境电商企业带来高昂的合规成本，制约了跨境电子商务的发展。如何处理数据跨境安全合规与跨境电商战略发展的矛盾是亟待解决的难题。

### 4. 电信行业

电信运营商拥有大量的数据资源，如网络信息、用户终端信息、用户位置信息等，同时电信行业近年来利用大数据进行深度挖掘分析，将丰富的网络、用户等数据资源加工抽取后封装为服务，并向客户提供。大数据给电信行业带来新的发展机遇，电信运营商借助已有的数据积累优势，不断发展大数据应用，但同时数据的集中管理、数据对外开放等新技术特点和业务新形态应用，也使电信行业大数据面临新的安全风险和挑战。具体涉及以下方面：

1) 供应链安全

通信数据在移动网络设备中产生，而这些设备由多家供应商提供。同时，存在大数据平台系统第三方供给代建设、代维护等问题，在特定阶段部分设备的操作权在供应商手中，这意味着供应链的各环节都存在安全风险。

2) 数据集中管理

在大数据业务应用发展的驱动下，电信运营商的数据由原来的各系统分散存储转变为大数据平台集中存储模式，大数据资源的安全风险更加集中，一旦发生安全事件将涉及海量客户信息及公司数据资产。

3) 平台组件开源

大数据平台多使用开源软件，这些软件设计初衷主要考虑高效数据处理，缺乏安全性保障，滞后于电信业务发展的安全防护能力，存在安全隐患。

4) 敏感数据共享

在电信运营商内部信息系统建设相对分散，敏感数据跨部门、跨系统共享留存比较常见，其中任何一处的安全防护措施不当，均可能发生敏感数据泄漏，造成"一点突破、全网皆失"的严重后果。

综合以上论述，对大数据应用所面临的安全挑战归纳如下：

(1) 在策略层面：由于海量的数据类型，已经很难明确定义什么是高敏感数据了。同时也存在多个低敏感数据关联后形成高敏感数据的普遍情况，甚至到最后也很难说清楚一个数据究竟有多少来源。而在一个大型互联网集团内数据之间的交互也异常复杂，数据是否经过审批，下游如何使用也可能是混乱的。

(2) 准确性：在混沌的组织结构、超级复杂且不断变化的系统里要想实现数据安全的保护，其中一个重点是对准确性的考虑。而准确性考虑按照现在的技术必须结合数据上下文分析、用户行为分析等方法。如果没有这些方法，会产生许多误报甚至使数据不可用。

(3) 及时性：很多业务都面临着迅速上线的压力，这时候就要能拿出一个快速、低成本、可扩展的安全解决方案。从总体上衡量，应该是保护成本小于数据成本的可用解决方案。理想情况下，应该由工作流、机器学习、自动化等技术来协助实现。

(4) 可扩展性：在互联网行业里，某个业务可能会突然爆发，原有的解决方案要能够对爆发后的架构进行支持，包括传统关系型数据库、大型数据仓库、云环境等。

## 7.1.2　大数据安全问题及对策

### 1. 大数据应用安全问题的分类

1) 按大数据应用安全主体分类

从大数据应用的安全主体来看，大数据应用存在个人大数据安全、企业大数据安全、政府大数据安全、社会大数据安全、国家大数据安全等应用安全问题。

(1) 个人大数据安全问题：指大数据的应用对个人隐私信息造成的泄露。进入智能化的互联网时代，智能终端技术的发展，一方面使用户随时随地可将自己的身份、位置、活动、行为甚至所思所想都公开化；另一方面，公司、企业、政府、医院等组织机构也时刻将个人的生产、生活信息等数据化收集和存储，从而使个人隐私信息随时处于被泄露的危险境地。

(2) 企业大数据安全：指企业在大数据的收集、存储、分析和应用过程中存在着的数据安全问题，如互联网企业遭受 APT 攻击时数据被损坏、篡改、泄露或窃取的数据安全事件，电信企业在数据处理和应用过程中面临的数据保密、用户隐私、商业合作等数据安全问题，金融企业对大数据访问控制、算法、管理和应用等方面提出的安全要求，医疗行业的数据存储、灾备和恢复能力等。

(3) 政府大数据安全：指如何帮助国家构建更安全的网络环境，以保护数据共享的安全，具体包括由于数据共享产生的存储安全、安全管理、安全共享访问及防范高级持续性威胁(APT)攻击等。

(4) 社会大数据安全：指大数据时代将给社会生产与生活的正常运行带来的安全隐患，如黑客入侵智能交通、智能电网等数据库将可能造成的城市交通瘫痪、区域电力供应瘫痪等。

(5) 国家大数据安全：指涉及国家政治、经济和文化等方面的大数据在收集、存储、处理和应用过程中可能存在或产生的安全隐患，美国"棱镜门"事件就是国家大数据安全问题的具体表现。

#### 2) 按大数据的生命周期分类

从大数据处理与应用的过程也就是从大数据的生命周期来看，都存在着大数据处理与应用的安全问题，具体包括数据收集阶段的安全问题、数据存储阶段的安全问题、数据传输阶段的安全问题及数据应用阶段的安全问题等。

数据收集阶段的安全问题指数据源有可能被攻击，从而造成收集到的数据失真或隐私信息泄露，以及智能终端技术等的发展导致的大数据被自动收集，可能造成的用户隐私数据被采集、流转至非信任区域等。

数据存储阶段的安全问题指大数据多源异构的非结构化特征对大数据存储安全提出的挑战，以及大数据所依托的云存储自身面临的安全威胁等，如由于数据来源的多源性导致大数据公司机密信息保护的安全策略难以统一，云存储服务器通过伪造用户要求检测的数据及相关证明来欺骗用户等。

数据传输阶段的安全问题指大数据在跨平台的传播过程中可能存在的失真、破坏、泄露，或被攻击、拦截、窃取等问题，如在 GPS 的导航应用中用户位置信息的暴露。

数据应用阶段的安全问题指在数据应用或发布过程中可能存在的对个人隐私保护的威胁、数据挖掘结果的非法发布、系统维护导致的原始数据丢失等，如匿名处理的失效导致数据发布时的个人隐私泄露。

#### 3) 按大数据应用的技术类型分类

(1) 数据平台安全问题：Hadoop 大数据平台是目前应用最广泛，也是最重要的大数据应用平台。但是，Hadoop 大数据平台建设在其落地之初就是功能优先的，而安全管控问题并没有被放到重要的位置加以考虑，从而留下了重大的安全隐患。不仅存在用户操作失误、Hadoop 集群内数据被任意访问、MapReduce 没有身份验证和授权造成的安全威胁等传统安全问题，还存在用户可在集群内执行任意代码，任意提交、修改或删除其他用户的任务，未授权进行文件块读写操作，未授权直接访问中间输出结果，未授权进行本地磁盘数据访问，未授权截获数据包，以及冒名提交任务等缺少有效身份验证带来的重大安全隐患。

(2) 计算安全问题：主要指的是分布式计算在应用环境中存在不安全的因素，包括分布式处理的函数可能被黑客修改或伪造、黑客冒充用户对集群进行非法的访问和操作等。

(3) 加密技术安全问题：指在公共云存储服务中如何选择适当的数据加密机制，以确保用户仅获得其能够获得和应当获得的数据，用户如何有效地查找或定位以密文方式储存在云端的海量数据，第三方如何公开审计存储在云端的海量数据的完整性和可用性，以及如何保证在审计过程中不泄露数据隐私或数据所有者的个人隐私信息，用户如何确信已经删除了存储在云端的用户自己确实想要删除的数据等。

**2. 针对大数据应用安全问题的防范措施**

(1) 加强公民自身的数据保护意识。计算机技术、互联网技术、物联网技术和智能手机的迅速发展确实给人们的生活带来了极大便利，极大地拓展了人们的生存空间，将人们从现实世界带进了虚拟世界。利用这些技术，在法律规范范围内人们可以随心所欲地开展自己的生存活动——想播就播、想拍就拍、想抖就抖。殊不知，在这一播一拍一抖之间，个人隐私就会被泄露出去，个人数据安全就可能面临危险。因此，公民个人应养成正确的网络生存习惯，具备基本的个人隐私信息保护意识，不要轻易将个人生活带入到网络空间中去。只有转变思想观念，加强数据意识，保护好自身数据权益，才能更好、更有效地保障个人大数据的安全。

(2) 加快制定大数据应用安全标准。目前，国际上已有美国 NIST 大数据工作组、ISO/IEC JTC1 SC32、ISO/IEC JTC1 WG9、ITU 大数据工作组、云安全联盟(CSA)大数据工作组等机构在开展大数据应用安全标准的研究和制定工作，并发布了《大数据安全和隐私需求》《大数据安全与隐私十大挑战》《大数据安全和隐私手册》《大数据安全最佳实践》《大数据和未来隐私评论》和《基于大数据的安全情报分析》等文档。中国也有全国信息技术标准化委员会和全国信息安全标准化委员会在开展大数据安全标准化的研究和规划制定工作，并发布了《大数据标准白皮书》。与西方发达国家相比，中国的大数据应用安全标准的研究制定工作起步较晚，发展也不完善，至今尚未成立专门的国家大数据安全标准化工作组来统筹协调大数据安全标准化工作。为了有力保障中国的大数据应用安全，推进中国大数据产业的健康发展，就必须建立政府主导、企业为主、产学研用联合的大数据安全标准化工作组，以应用为导向，系统梳理大数据安全标准化核心需求，整合资源、统一规划大数据安全标准体系，加强紧急先行、成熟先上、关注重点。

(3) 加强大数据应用安全的相关立法工作。为了构建强有力的大数据安全法律保障机制，中国的《网络安全法》已于 2017 年 6 月 1 日起开始颁布实施。《网络安全法》的颁布实施是"为了保障网络安全，维护网络空间主权和国家安全、社会公共利益，保护公民、法人和其他组织的合法权益，促进经济社会信息化健康发展。"由此可见，《网络安全法》的出台主要是为了保障中国网络的安全运行、应用与发展。根据《网络安全法》第七章附则第七十六条第二款的释义，"网络安全，是指通过采取必要措施，防范对网络的攻击、侵入、干扰、破坏和非法使用以及意外事故，使网络处于稳定可靠运行的状态，以及保障网络数据的完整性、保密性、可用性的能力。"数据的安全性、保密性和可用性固然是大数据安全的一个重要组成部分，但是该法还远远不能够有效、有力地保护个人、企业、政府、国家、社会的大数据安全。只有建立起完善的保障大数据安全的法律体系，国家的数据主权和安全、政府企业和社会的数据安全、公民个人的数据安全等才能够得到有效保护。

(4) 构建大数据发展与应用自主可控的国家安全战略。齐爱民等认为，数据主权是一个国家的主权在大数据时代的新表现。这就意味着，为了维护大数据时代的国家主权，一个国家就必须能够自主地对本国数据行使占有、管理、控制和利用等的权力，且能够排除其他国家的干涉，以保护本国数据权益免受其他国家的侵害。但是，中国的国家信息基础设施自主可控程度低，大数据安全防护技术和手段不足，这就使我国的数据安全面临着严重的外部威胁。只有加强大数据战略规划和安全体系建设，构建具有中国特色的自主可控的大数据安全发展路线，不断强化大数据技术在信息安全领域的创新应用，才能维护好我国的数据主权。

(5) 加快和加强大数据处理与应用安全的技术研发活动。首先，由大数据平台导致的大数据应用安全问题，可以通过改进大数据平台的建设，使其由功能优先转向重视功能兼顾安全，并且在实际应用中重点关注经常出现的大数据安全问题，针对性地改善大数据服务平台的安全保障功能，有效构建起大数据平台安全管控方案。其次，加强大数据安全保障技术的研究和开发，在加密技术、完整性校验、用户访问控制、数据隔离技术和虚拟化技术等大数据安全应用的关键技术领域要投入更多的人才和资金资源，从技术根源上保障大数据处理与应用的安全基础。最后，通过原始创新从根本上解决国家信息基础设施自主可控程度低、大数据安全防护技术和手段不足等安全瓶颈问题，只有实现大数据安全保障的基础性技术的自主可控，我国的大数据安全才能够获得切实可靠的保障。

## 7.1.3　大数据安全技术

下面从大数据应用的生命周期来总结在大数据采集、大数据传输、大数据存储、大数据挖掘及大数据发布与应用等阶段可以实施的技术，以保障大数据安全。

### 1. 大数据采集安全技术

在对海量数据进行采集的过程中，由于极易在其采集源头出现数据不安全的现状，导致数据整体存在风险，故而在对大数据安全和隐私保护技术架构进行研究的过程中应建立起大数据采集安全体系。例如，利用数据采集中的无线传感器对网络中的虚假数据进行分析与过滤，建立起数据 end-to-end 机密性校验体系及数据的认证性体系，进而保障数据采集过程中的安全。

### 2. 大数据传输安全技术

随着我国网络环境的逐渐放宽，在数据传输的过程中也存在一定的安全风险。因此，应在数据的传输环节中建立起大数据传输安全技术。该技术的实际建立可以采用虚拟专网技术作为设计的基础，并利用该技术对传输中的数据进行加密，进而保障数据传输过程中的安全。同时，在进行数据传输的过程中还应签订传输安全协议，避免传输过程中安全漏洞及安全威胁的出现。

### 3. 大数据存储安全技术

在现阶段的数据发展中，针对大数据的存储出现了云存储技术，该技术的出现对于大数据存储安全造成了一定程度的威胁，并使用户的隐私面临泄露的危险。因此，建立起大数据存储安全技术势在必行。在建立大数据存储安全技术时应针对云存储飞速发展的现状，利用分布式技术对存储中的数据安全进行保障。

### 4. 大数据挖掘安全技术

大数据挖掘是指从网络的海量数据中对所需的数据进行深入的挖掘与提取。在进行大数据挖掘安全技术构建时，首先应对自身的隐私信息进行保护，利用数据扰乱方法、查询限制方法及混合策略方法对自身信息安全进行保障。其次，应对第三方的身份认证及访问管理进行重视，以保障在第三方平台中对数据信息进行挖掘时不会被恶意软件捆绑。最后，应利用敏感列序隐藏用法对挖掘过程中的数据安全进行保障。

### 5. 大数据发布与应用安全技术

现阶段的网络数据发展中，数据发布及应用的使用范围逐渐广泛，极易出现某些数据安全隐患，因此，在对数据安全措施进行构建的过程中应建立大数据发布与应用安全架构。借助用户管控安全技术建立大数据的安全发布架构，利用数据溯源安全防护技术建立大数据的应用安全架构。

## 7.2　大数据伦理

### 7.2.1　什么是伦理

伦理(Ethic)一词在中国最早见于《乐记》："乐者，通伦理者也。"对于究竟什么是伦理，有很多种解释和定义。

定义 1　美国《韦氏大辞典》对于伦理的定义是：一门探讨什么是好什么是坏，以及讨论道德、责任与义务的学科。

定义 2　伦理一般是指一系列指导行为的观念，是从概念角度上对道德现象的哲学思考。它不仅包含着对人与人、人与社会和人与自然之间关系处理的行为规范，而且也深刻地蕴涵着依照一定原则来规范行为的深刻道理。

定义 3　伦理是指人类社会中人与人、人与社会、人与国家之间关系和行为的秩序规范。任何持续影响全社会的团体行为或专业行为都有其内在特殊的伦理要求，企业作为独立法人，其特定的生产经营行为也有企业伦理的要求。

定义 4　伦理是指人们心中认可的社会行为规范，伦理也对人与人之间的关系进行调整，只是它调整的范围包括整个社会的范畴。管理与伦理有很强的内在联系和相关性。管理活动是人类社会活动的一种形式，当然离不开伦理的规范作用。

定义 5　伦理是指人与人相处的各种道德准则。通常认为"伦理"的"伦"即人伦，指人与人之间的关系，"理"即道理、规则。"伦理"就是人们处理相互关系应遵循的道理和规则。社会生活中，人与人之间存在着各种社会关系，如生产劳动中的关系、亲属关系、上下级关系、朋友关系、同志关系、敌对关系等，由此必然派生出种种矛盾和问题，就需要有一定的道理、规则或规范来约束人们的行为，调整人们之间的相互关系。

## 7.2.2　大数据伦理问题

大数据技术带来的伦理问题主要包括以下方面：

一是隐私泄露问题。大数据技术具有随时随地保真性记录、永久性保存、还原性画像等强大功能。个人的身份信息、行为信息、位置信息甚至信仰、观念、情感与社交关系等隐私信息，都可能被记录、保存、呈现。在现代社会，人们几乎无时无刻不暴露在智能设备面前，时时刻刻在产生数据并被记录。如果任由网络平台运营商收集、存储、兜售用户数据，个人隐私将无从谈起。

二是信息安全问题。个人所产生的数据包括主动产生的数据和被动留下的数据，其删除权、存储权、使用权、知情权等本属于个人的自主权利，但在很多情况下难以保障安全。一些信息技术本身就存在安全漏洞，可能导致数据泄露、伪造、失真等问题，影响信息安全。此外，大数据使用的失范与误导，如大数据使用的权责问题、相关信息产品的社会责任问题及高科技犯罪活动等，也是信息安全问题衍生的伦理问题。

三是数据鸿沟问题。一部分人能够较好占有并利用大数据资源，而另一部分人则难以占有和利用大数据资源，造成数据鸿沟。数据鸿沟会产生信息红利分配不公的问题，加剧群体差异和社会矛盾。

学术界普遍认为，应针对大数据技术引发的伦理问题，确立相应的伦理原则。一是无害性原则，即大数据技术发展应坚持以人为本，服务于人类社会健康发展和人民生活质量提高。二是权责统一原则，即谁搜集谁负责、谁使用谁负责。三是尊重自主原则，即数据的存储、删除、使用、知情等权利应充分赋予数据产生者。现实生活中，除了遵循这些伦理原则，还应采取必要措施来消除大数据异化引起的伦理风险。具体的举措如下：

(1) 加强技术创新和技术控制。对于大数据技术带来的伦理问题，最有效的解决之道就是推动技术进步。解决隐私保护和信息安全问题，需要加强事中和事后监管，但从根本上看要靠技术事前保护，应鼓励以技术进步消除大数据技术的负面效应，从技术层面提高数据安全管理水平。例如，对个人身份信息、敏感信息等采取数据加密升级和认证保护技术，将隐私保护和信息安全纳入技术开发程序，作为技术原则和标准。

(2) 建立健全监管机制。加强顶层设计，进一步完善大数据发展战略，明确规定大数据产业生态环境建设、大数据技术发展目标及大数据核心技术突破等内容。同时，逐步完善数据信息分类保护的法律规范，明确数据挖掘、存储、传输、发布及二次利用等环节的权责关系，特别是强化个人隐私保护。加强行业自律，注重对从业人员数据伦理准则和道德责任的教育培训，规范大数据技术应用的标准、流程和方法。

(3) 培育开放共享理念。进入大数据时代，人们的隐私观念正悄然发生变化，如通过各种"晒"将自己的数据信息置于公共空间，一些隐私意识逐渐淡化。这种淡化就是基于对大数据开放共享价值的认同，应适时调整传统隐私观念和隐私领域认知，培育开放共享的大数据时代精神，使人们的价值理念更契合大数据技术发展的文化环境，实现更加有效的隐私保护。在此过程中不断提高广大人民群众的网络素养，逐步消除数据鸿沟。

### 7.2.3　农业大数据技术的伦理问题

将大数据技术应用于农业领域，不仅能够增加经济收益，还能够减少农业活动给自然环境带来的影响。基于大数据技术对农业发展的巨大推动作用，中共中央、国务院印发的《乡村振兴战略规划纲要(2018—2022)》中明确指出，夯实乡村信息化基础，应"深化农业农村大数据创新应用"。由此可见，国家也力图通过探索、创新和推广大数据技术，助推乡村振兴战略的实施。

然而，任何技术创新都是一把"双刃剑"，大数据技术给农业带来巨大改善和进步的同时，也给其带来了较为深重的伦理问题。从大数据在经济社会各行各业中发展应用的历史来看，大数据应用的伦理问题是决定其是否能够有效推动经济社会不断前进的关键问题。大数据应用的伦理问题若不解决，则大数据技术的创新就无法形成推进经济社会进步的有效力量。农业大数据所涉及的伦理问题有以下方面。

#### 1. 数据所有权的归属问题

农业大数据相较于网络大数据，其数据的总量相对较小，因此农业大数据中每一组数据观测值对整个农业大数据的边际贡献相对于网络大数据要大。因此，相比于通常所研究的网络大数据，农业大数据的归属问题就更具重要意义。

在网络大数据中，数据的生产者是每一个使用网络的用户，由于网络用户的数量巨大，所以每一个用户所生产出来的数据相对于网络大数据整体而言并不具有很大的边际贡献。因此，网络使用者通常并不会去追究自己所生产的数据是否归自己所有，以及是否能获得自己所生产的数据知情权。而在现代农业中，亲自从事农业生产的农户是农业数据的生产者，现代农业由于规模化生产的需要，会不断地将土地进行集中，并交由少数的农户进行经营，由此现代农业中数据的生产单位数量相对来说是在不断变少的，因此每一个农户所提供的农业生产数据对于农业大数据整体而言，就具有了相对较高的边际价值。

当许多使用农业大数据技术的企业依旧按照网络大数据的规则来使用农业大数据时，就会受到农户对其是否符合伦理地使用了农户生产数据的质疑。这其中的伦理冲突主要体现在，农业大数据由农户生产，但是单个农户并没有能力有价值地使用来自所有农户的大数据资料，因此农业大数据总是由一些大型组织来进行开发和使用的。但是在一些西方国家，这些大型组织在使用了农户生产的数据后，并不会向农户反馈数据的使用情况和使用去向，有的甚至不允许农户使用自己所生产出来的数据。这种对农户所生产的数据所有权的忽视，引发了西方农民的广泛担心。

一份 2014 年针对美国农民进行的调查显示，77.5%的受访农民对美国的地方政府和相关企业组织在不经过农民允许的情况下就使用和交易农户所生产的数据表示不满，76%的受访农民担心他们所生产的数据会被用作其他不良用途，而超过 81%的受访农民表示他们对自己所生产的数据应保有受保护的所有权、知情权和使用权，这个数量远远超过了网络用户对自己所生产的数据所有权的诉求。

#### 2. 农业企业制造垄断损害市场公平的问题

在农业生产领域，农户既是一个家庭单位，同时又是一个生产单位。该特点决定了农户对于个体数据被外界使用的关注焦点，并不在于隐私权是否受到侵犯，而在于农户所生产的数据被外界使用后，所导致的农户自身无法公平地参与市场活动的问题。农户作为一个家庭单位和生产单位的混合体，其在农业生产中所生产的数据信息，理所当然会包含其个体的"隐私"信息。但是，由于大多农业生产数据只与作物、气候等问题相关，虽然存在一定程度的"隐私"泄露问题，但是在农业领域大数据给农户带来的在市场中被垄断组织所支配，以及由此所引发的公平问题相比之下要更受人关注。

在农业大数据的应用中，由于农户的生产行为会被以数字的方式传送到云端，因此各个使用农业大数据的企业组织将能够从详细的数据条目中，计算出农户对于农业生产投入的具体需求，由此可以通过算法的运行得到农户对于农资投入品的保留价格水平。而从经济学理论上看，当一个企业获得了市场上所有消费者的保留价格时，逐利的企业就会采取一级价格歧视的方式来垄断市场，最大限度地压缩农户作为农资消费者的剩余，并将企业组织自身的利润最大化。此时，相比于在完全竞争市场下的生产成本，农户在一级价格歧视之下的生产成本将会被极大地抬高，并导致农户在购买农业生产资料的过程中没有任何理论上的福利剩余所得。在这个过程中，市场公平的伦理将会受到严峻的挑战，具体表现为：其一，采取一级价格歧视的企业组织向持有不同农业生产资料保留价格的农民索要不同的价格，这本身就是对市场公平性的扭曲；其二，这种基于农业大数据技术所实施的垄断策略，实质上是企业组织把农户在市场中的部分或全部收入再分配给自身的一种方式，因此企业组织利润的增加实质上是以损害农户的利益为代价的；其三，企业组织基于大数据技术所采取的垄断策略，将使市场上出现整体的福利损失，即本应该生产的生产资料没有得到生产，而对生产资料有需求的一部分农户却因为垄断而没有获得需求的满足，造成了供需的不平衡，这也是对市场公平性的破坏。目前，西方的一些大型农资企业，如孟山都、杜邦先锋，在使用大数据技术的过程中就频频地受到来自反垄断法律和法规领域的质疑，公平伦理问题凸显。

### 3. 农户生产自由受限的问题

在大数据时代，数据信息成为了连接农户和农业企业的新型纽带。传统的农业经济学理论指出，个体农户由于市场力量的薄弱，需要依靠在产业链上与农业企业建立合作关系来增加自己在市场中的竞争力，或者说，生存的可能。在传统的农业产业化过程中，市场力量单薄的农户和市场占有率较大的农业企业之间，就存在着天然的权利不对等(Power Asymmetry)问题。这种权利不对等使在农业产业化过程当中农户常常受制于农业企业。

如今，农业大数据技术的出现，虽然在理论上能够改善农户的生产决策，增加农户的横向联合，从而增加农户的市场竞争力。但是，农户的工作特点——从事农业生产，决定了他们并没有能力来处理和使用所生产的大数据。因此，现实中农业大数据技术的采用并没有减轻农业企业对农户的控制；相反，在一些国家和地区农户的生产自由反而因为农业企业对大数据技术的采用而受到了更严格的限制。例如，在一些国家，农业企业会按照所搜集来的农业大数据，为每个农户制定具体的农业生产指导计划，从企业的角度讲可称之为农业生产性服务。为了使这些生产计划能够准确实施，许多的农户往往被要求购买农业企业依据大数据技术所开发出来的种子，并在播种后严格地执行生产计划。许多农业企业对地区农业资源的垄断，使得农户如果不依照企业所提供的生产计划，就将直接被农业企业排除在区域性的农业生产之外，而失去大数据技术的支持，意味着这些农户将最终在市场竞争中败北，并引发严重的个体生存危机。由此，他们不得不接受农业企业的强制性计划，从而失去了对于农业生产的自由选择权利。不少国外的农民只能表现出无可奈何，对于农业企业通过大数据技术对他们的生产自由施行的限制，他们的回答往往是"要么听话，要么灭亡"。

### 4. 农业大数据的滥用问题

掌握农业大数据技术的农业企业，除了与数据的生产者——农户之前存在较多的伦理矛盾冲突之外，其使用农业大数据技术的过程也对经济社会的运行造成了较大的伦理影响。具体表现在以下三个方面：

首先，农业企业有运用农业大数据操纵市场农业大数据技术伦理问题的倾向。大数据技术最重要的功用就是其能够实现对市场发展趋势的预测。因此，通过大数据掌握了海量农业信息的农业企业，就会有使用这些信息来操纵市场的倾向。比如，对收获信息的掌控能够使企业对农作物的收获情况进行准确预测，并对未来农产品的市场供求了如指掌，由此追求利润最大化的企业一定会通过期货市场来调节当前与未来的投资情况，以便农产品市场朝着有利于自身的方向发展，这将必然会引起短期或长期内农产品市场价格的不断波动。农产品，尤其是粮食作物，不仅是可供贸易的商品，而且还是国家主权的象征。因此，对于一些体量较小、粮食作物供给条件较差的国家来说，农产品市场的价格波动，尤其是粮食市场的价格波动将对其整个国家的安全带来严重影响，而这些影响对于那些利用大数据技术来操纵市场的农业企业来说，可能并不是其所要考虑的主要问题。

其次，大数据的预测功能将会激发农业领域的过度投资。大数据技术的预测功能将会使投资的风险减少，而对于农业这样一个受到不可控的自然风险影响的产业来说，风险的减少必然引来大量的外部投资。而这些投资的进入，将不断地推高农业生产资料的价格，尤其是土地的价格。土地价格的不断升高，不仅会导致一些不愿意经营土地的人出租或变卖土地引发土地兼并的现象，而且还会使想进入农业的新进者，尤其是那些想从事农业经营的年轻人由于进入成本过高，或者说生产资料的价格太高而无法获得进入农业产业的机会。对于一般产业而言，市场竞争的优胜劣汰属于正常现象，但对于掌管一国生计的农业产业，如果没有年轻人进入的话，那么一个国家的生存和发展问题将会受到很大的制约。而对于这种国家生计安全的风险，基于大数据分析的投资者在做决策时也通常不会予以重点考虑。

最后，政府数据滥用问题。大数据本身是中性的，但是使用者目的不同则导致了其会产生相应的伦理问题。在一些西方国家，政府通常以采集大数据从事环保事业为名义，对农户的信息进行收集，并将数据用于除了环保事业之外的国家安全防范与监督等其他用途。

## 习　　题

1. 为什么会出现大数据的安全问题？如何理解大数据安全问题？

2. 上网收集 1～3 个有关大数据安全的案例。

3. 大数据伦理包括哪些内容？试给出自己的总结与体会。

# 参 考 文 献

[1] 大数据安全[EB/OL]. https://blog.csdn.net/cqacry2798/article/details/88051800.

[2] 陈艳,李君亮. 大数据安全应用分析[J]. 广西民族师范学院学报,2019,36(03)：81-84+88.

[3] 铁共. 大数据应用安全挑战与实践[J]. 大数据时代,2018(04)：43-49+42.

[4] 高瑞,李俊,杨睿超. 大数据安全和隐私保护技术架构研究[J]. 信息系统工程,2018 (10)：78.

[5] 杨维东. 有效应对大数据技术的伦理问题[N]. 人民日报,2018-03-23.

[6] 刘家贵,叶中华,苏毅清. 农业大数据技术的伦理问题[J]. 自然辩证法通讯,2019, 41(12)：84-89.

# 附录 A　　Hadoop 安装配置

Hadoop 的安装配置过程如下：

(1) 下载 Hadoop3.1 和 Java1.8 到主目录下。

(2) 解压软件：

> tar -zxvf hadoop-3.1.2.tar.gz
>
> tar –zxvf jdk-8u211-linux-x64.tar.gz

(3) 移动文件：

> mv jdk1.8.0_211 /usr/local/java
>
> mv hadoop-3.1.2 /usr/local/hadoop

(4) 配置 Java 和 Hadoop 的环境变量 vi /etc/profile，在文件最下方输入：

> export JAVA_HOME=/usr/local/java
>
> export HADOOP_HOME=/usr/local/hadoop
>
> export
>
> PATH=$JAVA_HOME/bin:$HADOOP_HOME/bin:$HADOOP_HOME/sbin:$PATH

(5) 使环境变量生效：

> source /etc/profile

(6) 需要修改的文件在/usr/local/hadoop/etc/hadoop 目录下，如下所示：

(7) 编辑 core-site.xml：

> vi /usr/local/hadoop/etc/hadoop/core-site.xml
>
> <configuration>
>     <property>
>       <name>fs.defaultFS</name>
>       <value>hdfs://master:9000</value>
>     </property>
>     <property>
>       <name>hadoop.tmp.dir</name>
>       <value>/usr/local/hadoop/hadoopdata</value>

```
        </property>
    </configuration>
```

(8) 编辑 hadoop-env.sh：

```
vi /usr/local/hadoop/etc/hadoop/hadoop-env.sh


export JAVA_HOME=/usr/local/java
export HADOOP_HOME=/usr/local/hadoop
```

(9) 编辑 hdfs-site.xml：

```
<configuration>
    <property>
        <name>dfs.NameNode.http-address</name>
        <value>master:50070</value>
    </property>
    <property>
        <name>dfs.NameNode.secondary.http-address</name>
        <value>Slave:50090</value>
    </property>
    <property>
        <name>dfs.NameNode.name.dir</name>
        <value>/usr/local/hadoop/hadoopname</value>
    </property>
    <property>
        <name>dfs.replication</name>
        <value>2</value>
    </property>
    <property>
        <name>dfs.DataNode.data.dir</name>
        <value>/usr/local/hadoop/hadoopdata</value>
    </property>
</configuration>
```

(10) 编辑 mapred-site.xml：

```
mapred-site.xml
<configuration>
    <property>
        <name>MapReduce.framework.name</name>
        <value>yarn</value>
    </property>
    <property>
        <name>MapReduce.application.classpath</name>
```

```
        <value>
        /usr/local/hadoop/etc/hadoop,
        /usr/local/hadoop/share/hadoop/common/*,
        /usr/local/hadoop/share/hadoop/common/lib/*,
        /usr/local/hadoop/share/hadoop/hdfs/*,
        /usr/local/hadoop/share/hadoop/hdfs/lib/*,
        /usr/local/hadoop/share/hadoop/MapReduce/*,
        /usr/local/hadoop/share/hadoop/MapReduce/lib/*,
        /usr/local/hadoop/share/hadoop/yarn/*,
        /usr/local/hadoop/share/hadoop/yarn/lib/*
        </value>
      </property>
  </configuration>
```

(11) 确立工作节点名称：

```
master
Slave
Slave2
```

(12) 编辑 yarn-env.sh：

```
export JAVA_HOME=/usr/local/java
```

(13) 编辑 yarn-site.xml：

```
<configuration>
<!-- Site specific YARN configuration properties -->
    <property>
        <name>yarn.resourcemanager.hostname</name>
        <value>master</value>
    </property>
    <property>
        <name>yarn.nodemanager.aux-services</name>
        <value>MapReduce_shuffle</value>
    </property>
    <property>
        <name>yarn.nodemanager.aux-services.MapReduce.shuffle.class</name>
        <value>org.apache.hadoop.mapred.ShuffleHandler</value>
    </property>
</configuration>
```

(14) 打开主机/hadoop/sbin/目录下的 start-all.sh 和 stop-all.sh 文件，在其头部加入下面七句代码：

```
HDFS_DATANODE_USER=root
HDFS_DATANODE_SECURE_USER=hdfs
```

HDFS_NAMENODE_USER=root

HDFS_SECONDARYNAMENODE_USER=root

YARN_RESOURCEMANAGER_USER=root

HADOOP_SECURE_DN_USER=yarn

YARN_NODEMANAGER_USER=root

start-dfs.sh 和 stop-dfs.sh 头部加入下面四句代码

HDFS_DATANODE_USER=root

HDFS_DATANODE_SECURE_USER=hdfs

HDFS_NAMENODE_USER=root

HDFS_SECONDARYNAMENODE_USER=root

stop-yarn.sh 和 start-yarn.sh 头部加入下面三句代码

YARN_RESOURCEMANAGER_USER=root

HADOOP_SECURE_DN_USER=yarn

YARN_NODEMANAGER_USER=root

(15) 将主机的 hadoop 目录及环境变量复制到其他所有电脑：

scp -r /usr/local/hadoop 192.168.217.129:/usr/local

scp -r /usr/local/hadoop 192.168.217.130:/usr/local

scp -r /usr/local/java 192.168.217.129:/usr/local

scp -r /usr/local/java 192.168.217.130:/usr/local

scp -r /etc/profile 192.168.217.129:/etc/

scp -r /etc/profile 192.168.217.130:/etc/

分别在 Slave、Slave2 中运行 source /etc/profile。

格式化 hadoop 后重启所有电脑后再运行 start-all.sh。

hdfs NameNode –format

start-all.sh

(16) 检查安装情况，在浏览器中输入 http://master:50070，如出现附图 1 则安装成功。

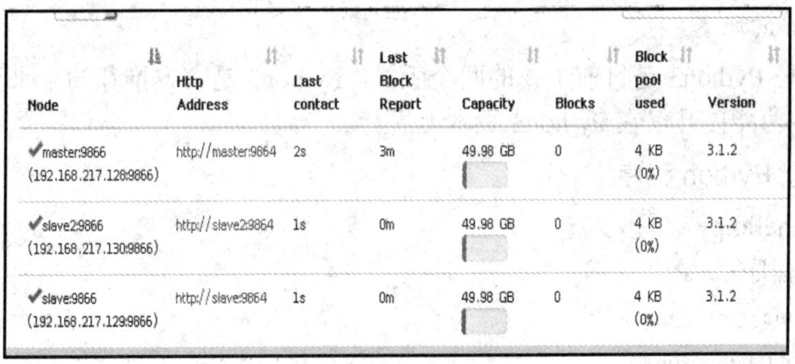

| Node | Http Address | Last contact | Last Block Report | Capacity | Blocks | Block pool used | Version |
|------|--------------|--------------|-------------------|----------|--------|-----------------|---------|
| ✔master:9866 (192.168.217.128:9866) | http://master:9864 | 2s | 3m | 49.98 GB | 0 | 4 KB (0%) | 3.1.2 |
| ✔slave2:9866 (192.168.217.130:9866) | http://slave2:9864 | 1s | 0m | 49.98 GB | 0 | 4 KB (0%) | 3.1.2 |
| ✔slave:9866 (192.168.217.129:9866) | http://slave:9864 | 1s | 0m | 49.98 GB | 0 | 4 KB (0%) | 3.1.2 |

附图 1  浏览器运行界面

# 附录 B　Python 语言简介

Python(蟒蛇)是一种动态解释型的编程语言。由 Guido van Rossum 于 1989 年发明，第一个公开版本发行于 1991 年。Python 可以在 Windows、UNIX、MAC 等多种操作系统上使用，也可以在 Java 和.NET 开发平台上使用。Python 的 LOGO 如附图 2 所示。

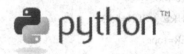

附图 2　Python 的 LOGO

## 1. Python 语言的特点

(1) Python 使用 C 语言开发，但是 Python 不再有 C 语言中的指针等复杂的数据类型。

(2) Python 具有很强的面向对象特性，而且简化了面向对象的实现，消除了保护类型、抽象类、接口等面向对象的元素。

(3) Python 代码块使用空格或制表符缩进的方式分隔代码。

(4) Python 仅有 31 个保留字，而且没有分号、begin、end 等标记。

(5) Python 是强类型语言，变量创建后会对应一种数据类型，出现在统一表达式中的不同类型的变量需要进行类型转换。

## 2. 搭建 Python 开发环境

1) 软件的下载

(1) 前往 www.Python.org 下载安装包，然后通过 configure、make、make install 进行安装。

(2) 前往 www.activestate.com 下载 ActivePython 组件包。ActivePython 是对 Python 核心和常用模块的二进制包装，是 ActiveState 公司发布的 Python 开发环境。ActivePython 使 Python 的安装更加容易，并且可以应用在各种操作系统上。ActivePython 包含了一些常用的 Python 扩展及 Windows 环境的编程接口。对 ActivePython 来说，如果是 Windows 用户，下载 msi 包安装即可；如果是 UNIX 用户，下载 tar.gz 包直接解压即可。

(3) Python 的 IDE 包括 PythonWin、Eclipse+PyDev 插件、Komodo、EditPlus。

2) Python 的版本

Python2 与 Python3 是目前主要的两个版本。Python3 是官方推荐的未来全力支持的版本，目前很多功能提升仅在 Python3 版本上进行。

## 3. 第一个 Python 程序

(1) 创建 hello.py。

(2) 编写程序：

```
if __name__ =='__main__':
    print ("hello word")
```

(3) 运行程序：

```
Python ./hello.py
```

## 4. 语法概述

### 1) 注释

(1) 无论是行注释还是段注释，均以#加一个空格开始。

(2) 如果需要在代码中使用中文注释，必须在 Python 文件的最前面加上如下注释说明：

```
#-*- coding:UTF-8-*-
```

(3) 如下注释用于指定解释器：

```
#!/usr/bin/Python
```

### 2) 文件类型

(1) Python 的文件类型分为三种，即源代码、字节代码和优化代码。这些都可以直接运行，不需要进行编译或连接。

(2) 源代码以.py 为扩展名，由 Python 来负责解释。

(3) 源文件经过编译后生成扩展名为.pyc 的文件，即编译过的字节文件。这种文件不能使用文本编辑器修改。pyc 文件是与平台无关的，可以在大部分操作系统上运行。如下语句可用来产生 pyc 文件：

```
importpy_compile

py_compile.compile('hello.py')
```

(4) 经过优化的源文件会以.pyo 为后缀，即优化代码，不能直接用文本编辑器修改。如下命令可用来生成 pyo 文件：

```
Python -O-m py_complie hello.py
```

### 3) 变量

(1) Python 中的变量不需要声明，变量的赋值操作是变量声明和定义的过程。

(2) Python 中一次新的赋值将创建一个新的变量。即使变量的名称相同，变量的标识并不相同。用 id()函数可以获取以下变量标识：

```
x = 1
print( id(x))
x = 2
print( id(x))
```

(3) 如果变量没有赋值，则 Python 认为该变量不存在。

(4) 在函数之外定义的变量都可以称为全局变量，可以被文件内部的任何函数和外部文件访问。

(5) 全局变量建议在文件的开头定义。

(6) 也可以把全局变量放到一个专门的文件中，然后通过 import 来引用。例如，gl.py文件中的内容如下：

```
_a = 1
_b = 2
```

use_global.py 中引用全局变量：

```
import gl
def fun():
    print ( gl._a)
    print ( gl._b)
fun()
```

4) 常量

Python 中没有提供定义常量的保留字，可以自己定义一个常量类来实现常量的功能。

```
class _const:
class ConstError(TypeError): pass
def __setattr__(self,name,vlaue):
if self.__dict__.has_key(name):
raise self.ConstError, "Can't rebind const(%s)"%name
self.__dict__[name]=value
import sys
sys.modules[__name__]=_const()
```

5) 数据类型

(1) Python 的数字类型分为整型、长整型、浮点型、布尔型及复数型。

(2) Python 没有字符类型。

(3) Python 内部没有普通类型，任何类型都是对象。

(4) 如果需要查看变量的类型，可以使用 type 类。该类可以返回变量的类型或创建一个新的类型。

(5) Python 有三种表示字符串类型的方式，即单引号、双引号和三引号。单引号和双引号的作用是相同的。Python 程序员更喜欢使用单引号，C/Java 程序员则习惯使用双引号表示字符串。三引号中可以输入单引号、双引号或换行等字符。

6) 运算符和表达式

(1) Python 不支持自增运算符和自减运算符。例如，i++/i– 是错误的，但 i+=1 是可以的。

(2) 1/2 在 Python2.5 之前会等于 0.5，在 Python2.5 之后会等于 0。

(3) 不等于为 != 或<>

(4) 等于用 == 表示

(5) 逻辑表达式中 and 表示逻辑与，or 表示逻辑或，not 表示逻辑非。

7) 控制语句

(1) 条件语句。

格式 1：

```
if (表达式) :
    语句 1
else :
    语句 2
```

格式 2：

    if (表达式)：

      语句 1

    elif (表达式)：

      语句 2

    …

    elif (表达式)：

      语句 n

    else：

      语句 m

(2) 条件嵌套。

    if (表达式 1)：

      if (表达式 2)：

        语句 1

      elif (表达式 3)：

        语句 2

      else:

        语句 3

    elif (表达式 n)：

      …

    else：

      …

注意：Python 本身没有 switch 语句。

(3) 循环语句。

格式 1：

    while(表达式)：

    …

    else：

    …

格式 2：

    for 变量 in 集合 ：

    …

    else ：

    …

注意：Python 不支持类似 C 的 for(i=0；i<5；i++)这样的循环语句，但可以借助 range 模拟。

    for x in range(0,5,2):

      print(x)

8) 数组及相关结构

(1) 元组(tuple)：Python 中一种内置的数据结构。元组由不同的元素组成，每个元素可以存储不同类型的数据，如字符串、数字或元素。元组是写保护的，即元组创建之后不能再修改。元组往往代表一行数据，而元组中的元素代表不同的数据项，可以把元组看作不可修改的数组。创建元组示例如下：

```
tuple_name=("apple","banana","grape", "orange")
```

(2) 列表(list)：列表和元组相似，也由一组元素组成，列表可以实现添加、删除和查找操作，元素的值可以被修改。列表是传统意义上的数组，创建示例如下：

```
list=["apple","banana","grage","orange"]
```

注：可以使用 append 方法在尾部追加元素，使用 remove 来删除元素。

(3) 字典(dictionary)：由键-值对组成的集合，字典中的值通过键来引用。键和值之间用冒号隔开，键-值对之间用逗号隔开，并且被包含在一对花括号中。创建示例如下：

```
dict={"a":"apple", "b":"banana", "g":"grage", "o":"orange"}
```

(4) 序列：序列是具有索引和切片能力的集合。元组、列表和字符串都属于序列。

9) 函数

(1) Python 程序由包(package)、模块(module)和函数组成。其中，包是由一系列模块组成的集合，模块是处理某一类问题的函数和类的集合。

(2) 包就是一个完成特定任务的工具箱。

(3) 包必须含有一个_init_.py 文件，用于标识当前文件夹是一个包。

(4) Python 的程序是由一个个模块组成的。模块把一组相关的函数或代码组织到一个文件中，一个文件即是一个模块。模块由代码、函数和类组成。导入模块使用 import 语句。

(5) 包的作用是实现程序的重用。

(6) 函数是一段可以重复多次调用的代码，函数定义示例如下：

```
def arithmetic(x,y,operator):
    result={
    "+":x+y,
    "-":x-y,
    "*":x*y,
    "/":x/y
    }
```

(7) 函数返回值可以用 return 来控制。

10) 字符串相关

(1) 格式化输出。

```
format = "%s%d" % (str1,num)
print( format)
```

(2) 用+进行字符串的合并。

```
str1="hello"
str2="world"
```

```
result=str1+str2
```

(3) 字符串截取可以通过索引/切片，也可以通过 split 函数。

(4) 通过切片截取字符串。

```
word="world"
print (word[0:3])
```

(5) Python 使用==和!=来进行字符串比较。如果两个待比较变量的类型不相同，那么结果必然为不同。

11）文件处理

(1) 简单处理文件。

```
context="hello,world"
f=file("hello.txt", 'w')
f.write(context);
f.close()
```

(2) 读取文件可以使用 readline()函数、readlines()函数和 read 函数。

(3) 写入文件可以使用 write()和 writelines()函数。

12）对象和类

(1) Python 用 class 保留字来定义一个类，类名的首字符要大写。当程序员需要创建的类型不能用简单类型来表示时，就需要定义类，然后利用定义的类创建对象。定义类示例如下：

```
class Fruit:
def grow(self):
    print ("Fruit grow")
```

(2) 当一个对象被创建后，包含三方面的特性，即对象的句柄、属性和方法。创建对象的方法如下：

```
fruit = Fruit()
fruit.grow()
```

(3) Python 没有保护类型的修饰符。

(4) 类的方法分为公有方法和私有方法。私有函数不能被该类之外的函数调用，私有方法也不能被外部的类或函数调用。

(5) Python 使用函数"staticmethod()"或"@ staticmethod"指令的方法把普通的函数转换为静态方法。静态方法相当于全局函数。

(6) Python 的构造函数名为_ _init_ _，析构函数名为_ _del_ _。

(7) 继承的使用方法。

```
class Apple(Fruit):
def …
```

13）连接 MySQL 数据库

用 MySQLdb 模块操作 MySQL 数据库非常方便。示例代码如下：

```
import os, sys
```

```
import MySQLdb
#连接数据库
try:
    conn MySQLdb.connect(host='localhost',user='root',passwd=',db='address'
except Exception,e:
    print e
    sys.exit()
#获取 cursor 对象来进行操作
cursor=conn.cursor()
#往表中插入数据
sql='insert into address(name, address) values(%s, %s)'
value=(("zhangsan", "haidian"),("lisi", "haidian"))
try
    cursor.executemany(sql,values)
except Exception, e:
    print e
sql="select * from address"
cursor.execute(sql)
data=cursor.fetchall()
if data
    for x in data:
        print( x[0],x[1])
cursor.close()
conn.close()
```